U0169268

Excel 大神
是怎么做表的

たった1日で即戦力になる
Excelの教科書

増强
完全版

[日]吉田拳　著

陈怡萍　译

中国友谊出版公司

■写在增强完全版出版之际

2014 年出版，销售册数突破 22 万的畅销书《Excel 大神是怎么做表的》，自发售以来已过去 6 年岁月。在此期间，Excel 的软件版本不断迭代，每次更新都追加了新的函数和功能。我想，许多用户一定非常关心一个问题，就是想知道"新版本的Excel 都有了哪些优化"。

我也收到过很多咨询："《Excel 大神是怎么做表的》是不是也会更新版本？"而我的回答一贯如下：

"Excel 2003 的函数和功能，就已经完全能够帮助人们高效工作了。"

我这么说有我的理由。因为我希望大家不要在学习 Excel 这件事上花太多不必要的时间，而是集中精力在自己的本职工作上。

并不是说将一直以来用惯了的函数，替换成看起来更方便的新函数，这样就能大幅提高工作效率了。而且，由于 Excel 版本不同，很多时候可能无法使用最新的功能和函数。

当然，掌握新功能和函数毕竟是件令人高兴的事，我并不否定这个事实本身。但是，从"这些发现能为工作带来什么变化"的观点来看，并不是必须要掌握这些功能。

但是，我之前出版的《Excel 大神是怎么做表的》里，确实有一些基础知识没有完全讲透。为了补全这部分内容，此次决定出版该书的修订版。

大部分新增内容是关于图表知识的。制作图表的操作本身非常简单，但是本次修订版中，我是从"工作上最正确的图表使用方法"这一角度来写的。其中介绍了一些重要的基础知识，无论是第一次制作图表的人，还是已经做过大量图表的人，我都希望大家能够重新读一下这部分内容，确认一下。另外，得到不少恶评的"合并单元格"被认为会妨碍 Excel 的高效使用，关于这个问题，我也在书里提出了解决方案。

无论 Excel 更新了多少种版本，用 Excel 来工作的本质完全没变。就好比江户时代的商人用笔和算盘做的事情，昭和时代的商务人士用圆珠笔和电子计算器做的工作，它们只是在现代转变成用 Excel 来完成而已。

通过这次的修订版，我希望大家了解到一点，那就是《Excel 大神是怎么做表的》中的内容本就拥有经久不变的普适性。希望大家每次遇到 Excel 版本更新都可以安心，知道没有必要花费多余的精力去学新东西。

■前言

当你在用 Excel 工作时，
也许根本都是在浪费时间

"每次用 Excel 制作表格都要花很长时间，真烦人。"

"操作顺序太繁杂，总是出错。"

"想要读一本书学习如何使用 Excel，但不知道应该选哪本。"

你是不是也经常有这样的烦恼呢？

即使现在你仍然抱有"我现在多少会一点 Excel"这样的想法，你花在使用 Excel 上的时间也还是有 99% 的削减余地。想要提高使用 Excel 的效率，有很多技巧你一定要知道。

取得资格证书，学习计算机课程，
但实际操作还是不行？

那么，要怎样做才能提升 Excel 的操作技巧呢？

相信大多数人会选择以下两个方法，但事实上都没什么大用处。

- 取得资格证书
- 学习计算机课程

　　我一直在举办使用 Excel 的学习研讨会。"我已经有了 Excel 相关的资格证书，但是完全无法在实际工作中使用那些操作技巧。"许多学员都有着这样的烦恼，所以才来到我这儿求助。

　　而且，客户公司的负责人们也经常找我们大吐苦水："我们聘用了持有资格证书的员工，但是他们根本不会用 Excel。""我们会要求员工去考相关证书，但他们的操作能力并没有得到提高。"

　　那么，为什么会有这样的问题呢？这是因为，Excel 资格考试的考查范围是有关 Excel 功能和函数的知识，并且比较笼统和浅显。这种考试的出题内容不一定是实际工作中所需要的技能。

　　如果是由具有丰富的实战经验的人来开展培训的话，我想参加计算机培训课也会对提升 Excel 的使用技巧有很大的帮助。但是，想要找到这样的学校绝非易事。虽然 Excel 培训班里都有专业的老师，可是其中有些老师自身未必拥有丰富的实战经验，他们只是参照培训班编辑的教材，按照课程计划和指导手册教学。在计算机培训学校，老师有时候也无法回答学员提出的问题。实际情况并不是老师们"不愿意回答"，而是老师的能力不足导致"他们无法回答"。

　　我调查了某知名计算机培训学校的 Excel 课程内容，发现其课程安排如下：

- Excel 基础 90 分钟 × 12 次（2 个月）
- Excel 应用 90 分钟 × 12 次（2 个月）

- Excel VBA 讲座 90 分钟 × 13 次（2 个月）
- Excel 函数运用 90 分钟 × 13 次（2 个月）
- Excel 商务 90 分钟 × 10 次（2 个月）

如今，许多工作繁忙的商务人士并没有很多时间到培训班学习 Excel 的操作技巧。当然，操作技巧确实重要，但我们需要的是短时间内能够迅速掌握的技能。说到底，Excel 只是一种工具，并不是工作目的。

目标意识与"积极意义上的偷懒"想法

那么，我们该怎么做呢？

为了回答这个问题，我执笔写下了这本书。此书的撰写目的，就是让读者"在最短时间内掌握能够立刻实践的知识"。

即使完全掌握 Excel 的各种功能与函数，也不能算是会熟练使用 Excel。更重要的是要有这样的目标意识：

使用 Excel 是为了做什么？

想要制作什么样的商务文本，如何灵活运用 Excel？

还有这样的思考能力：

如何高效、轻松、无误地完成必须要做的工作？

至今为止，我已在 50 家以上的客户公司开展了改善 Excel 操作的指导工作。同时，我会定期举办 Excel 学习研讨会，进行能够指导实际应用的 Excel 培训活动。总计有 2000 名以上的职场人士参加过我的授课。在此过程中，我也接到了很多咨询，在解决不同行业中的共同课题时，我经常听到咨询者这样说：

"到现在我花了那么多时间究竟在干什么……"

事实上，通过实践本书中介绍的方法，"仅用数秒就可完成原来要花 30 分钟的工作"，"5 分钟内就能完成之前需要花 2 天时间做的工作"，能大幅缩短工作时间。不仅如此，由于省去了多余的步骤，也能够做到"不出错、确保成果的准确性"。

如果要面对一项又花时间又麻烦的工作，我们不应该将耐心耗费在操作软件上面，而是应该考虑如何使这样的工作做起来更轻松，更快速。希望读者朋友们都能抱有积极意义上的"偷懒"的想法。

如果这本书能够给大家带来一些帮助，对身为作者的我来说，真是无比的喜悦。

■目录

第 1 章　使用 Excel 时，必须掌握的 7 个要点

第 2 章　如何在 Excel 中输入函数

第 3 章　需要事先掌握的 6 个函数

第 4 章　通过应用与组合，提升函数的威力

第8章 熟练运用图表

第9章 掌握 Excel 操作的本质

E

使用 Excel 时，
必须掌握的
7 个要点

瞬间完成常规操作的方法

知识量不足导致的致命弱点

"我经常会使用别人制作好的 Excel 文件，可是我不知道表格里的内容的意义，只好糊里糊涂地做下去了……"

我在帮助学员提高 Excel 的操作效率时，经常遇到这样的案例。即便表格中的内容是错误的，有些人也不会发现。而且不小心删除了数据，也不知道该如何恢复，也不会告诉其他人。而这么做的后果就是导致无法分析重要的数据……诸如此类的"惨剧"时常发生。

"处理 Excel 中的数据要花很长时间，只是做这件事，大半天就已经过去了……"

这是每天都要加班到很晚的某个公司员工的例子。当我询问他经常加班的原因时，他是这样回答的：用 Excel 制作的客户名单中有几万个电话号码，要把原本用全角输入的数字一个一个改成半角，然后手动删除电话号码中的连字符。这样一来，每天都要加班 4 小时并且连续加 3 天左右。但是在我看来，只要稍花工夫，用不上 1 分钟就能完成这个工作。

像这样，由于不了解 Excel 的基础操作而浪费大量的时间，引发很多错误，降低工作效率的例子，真是不胜枚举。如果事先掌握简便的方法，1 分钟就能完成原本要花几个小时的工作。如果这样的情况也发生在你的身上，你也会如此放任不管吗？

虽然提高销售和沟通技巧很重要，但是大多数情况下，我们需要通过 Excel 将"获得的实际成果"表示出来。虽然阅读"学会用数字说话"这类书很有必要，但是不应为了计算数据而花费太长时间，也不应该在制作商务文本这件事上浪费过多的精力。迅速计算数字、制作商务文本，然后在最大程度上留出时间，对得出的数据进行思考、讨论进而付诸行动，这些才是作为职场人士最应该做的事。

因此，对于现代的知识型劳动者来说，熟练使用 Excel 并不只是单纯地制作表格，而是为了保证"工作"时间内的效率。使用 Excel 的功能就能自动完成的简单工作就交给 Excel，我们必须将精力集中在只有人类才能做到的工作上。无聊且耗时较长的简单操作只会让你注意力涣散，频发小错误，降低工作的积极性。

不要持续浪费时间

▲ 每天花 2 小时统计销售数据

（2 小时 / 日 × 每月 20 日 = 每月 40 小时）

▲ 每个月末花 1 周时间统计交通费

（8 小时 / 日 × 每月 5 日 = 每月 40 小时）

▲ 每周花 5 小时制作提交给客户的数据

（5 小时 / 次 × 每月 4 次 = 每月 20 小时）

如果利用 Excel 自动计算，每月花费在这些工作上的时间将缩短为 3 分钟。我曾指导过进行上述第三个工作的客户，有一天，他给我发来了这样的邮件：

"原本我要花 5 小时才能完成的工作……竟然 2 分钟就搞定了。2 分钟啊。（笑）之前我每周都要花费的 5 小时，到底都是在干什么……"

每个月都要花 40 小时的工作，瞬间就能缩短至 5 分钟，由此产生了 39 小时 55 分钟的可利用时间。如果能把这个时间用在那些更具生产性的工作上，就会增加工作的价值，这样对公司来说也是一种贡献。如此一来，公司的收益提升，你也会得到更多的好评。

反过来讲，如果没有注意到这种提高效率的方法，你每个月仍然会持续地浪费时间，同时还会产生相应的人员费用。这么一来，每月都会不断支付多余的人员费用，企业绝对不会欣赏这样的人。

提升 Excel 技能的 3 个必需项

"在面试时被问到'会不会使用 Excel'时，我真的没有信心回答'会用'……"

我经常会看到有人有这样的烦恼。确实，在招聘信息中，企业经常会写"能够熟练使用 Word/Excel 者优先"，但是却没有写明"熟练使用"的程度。实际上，许多企业的招聘负责人对于"熟练使用 Excel"这句话的定义也不甚明了。

那么，如果想要在任何情况下都能充满自信地说出"我会使用 Excel"这样的话，应该达到怎样的程度呢？

想要提升 Excel 的操作技巧，必须要掌握"函数"与"Excel 的功能"。Excel 中有一些非常方便的函数和功能，可以大幅提高处理各种操作的速度。事先了解都有哪些功能，在使用 Excel 工作时也会更加顺畅。

应对一般操作需掌握的 67 个函数

Excel 中总共有 400 多个函数，当然没有必要全部记住。那么，我们需要掌握的函数是多少个呢？虽然由于职业的性质差异，会有不同，但一般来说掌握 30～50 个就够了。根据我丰富的教学经验来看，应对一般的工作所需要掌握的函数为以下 67 个。

SUM/SUMIF/SUMIFS/PRODUCT/MOD/ABS/ROUND/ROUNDUP/
ROUNDDOWN/CEILING/FLOOR/COUNT/COUNTA/COUNTIF/

COUNTIFS/MAX/MIN/LARGE/SMALL/RANK/TODAY/YEAR/
MONTH/DAY/HOUR/MINUTE/SECOND/WEEKNUM/DATE/
TIME/WORKDAY/DATEDIF/IF/IFERROR/AND/OR/VLOOKUP/
HLOOKUP/MATCH/INDEX/ADDRESS/INDIRECT/OFFSET/
ROW/COLUMN/LEN/FIND/LEFT/MID/RIGHT/SUBSTITUTE/
ASC/JIS/UPPER/LOWER/PROPER/TEXT/CODE/CHAR/CLEAN/
PHONETIC/CONCATENATE/ISERROR/REPLACE/TRIM/VALUE/
NETWORKDAYS

当然，没有必要立刻记住这些函数。在第 3 章中我会重点讲解 6 个函数，只要记住这 6 个基础的函数，就能够大幅提升 Excel 的操作能力。

另外，这里没有提到通常被视为基础函数之一的 AVERAGE。大家平常过于依赖计算平均值这一操作，这样做是想给各位敲一下警钟。请记住"平均值不可信"这一风险，如果想要计算平均值，需要用总值除以参数的个数。

必须了解的 9 个功能

与函数同等重要的就是关于 Excel 功能的知识。与函数相同，这些功能也分为许多种。而日常工作中经常用到的重要功能主要有以下 9 个。

条件格式（【开始】➡ 点击【条件格式】）

例如，如果对比去年销售额降低了 100%，就给这一数据标记颜色。这是根据单元格的数值设定单元格格式的功能。

数据有效性（【数据】➡ 点击【数据有效性】）

如果要多次输入同一数值，可在下拉菜单中选择这一功能。同时，此功能还能限制单元格的输入值，防止输入错误。

排序（【数据】➡ 点击【排序】）

例如，在分析客户资料时，最基础的操作就是按照销售额从高到低排序。

自动筛选（【数据】➡ 点击【筛选】）

仅选中符合条件的数据。

数据透视表（【插入】➡ 点击【数据透视表】）

这是计算数据总和时的非常有用的功能。但是，如果是在定期更新的资料中进行此项操作，反而会降低工作效率，需要注意。

自动填充（含有连续数据起始数据的单元格，拖拽填充）

这个功能可以快速输入数字、星期等连续的数据。

保护工作表（【审阅】➡ 点击【保护工作表】）

这个功能是为了防止误删输入的函数，保护数据。

查找与替换（快捷键 **Ctrl** + **H**）

查找特定的数据，并且统一修改或删除文字的重要功能。如果只是用于查找，可以使用快捷键 Ctrl + F 。

定位（快捷键 Ctrl + G ）

能够一次性选择"附有注释""空白内容"等符合条件的单元格，一并处理。

如何组合使用函数和功能

面对复杂的操作任务，应该寻找"有没有能够轻松解决的功能"，掌握方法并熟练运用。最开始不需要记住所有东西，有不明白的地方，可以查资料或者请教别人。

掌握 Excel 的全部函数和功能并没有任何意义，思考如何对其进行组合，并组织其结构是最重要的。而且，这一过程本身就非常有意思。得到预期的结果后，不仅心情会变好，工作也会变得很有趣。

另外，Excel 是一款非常直观的软件。在画面上方菜单栏里能轻松找到给单元格填充颜色、画线的功能。因此，我没有刻意说明这些在阅读本书的过程中就能够掌握的基本操作。

数据只有 4 种类型

一般来说，即便说熟练使用 Excel，"在正确的单元格内输入正确的内容"才是最基础的操作。那么，在一般单元格中输入的数据都有哪些种类呢？

需要输入单元格的数据大致可分为 4 种类型。只要掌握这 4 种数据类型，就能解决大部分的难题。

数值

这是像 0、1、2、3 这类用于计算、统计的数字。

数值是后期用于数值收集和计算的数据。因此，在单元格中输入数值时要注意不要添加单位。例如，"100000 日元"和"100000 人"这样带有单位的数据，并不是数值，而是文字。这样的文字无法用于计算。数据是为了方便后期重复使用而输入的，这一点要格外注意。

并且，为了确保可重复使用，应该输入实际的数值。例如，数值的单位为"千日元"，则会输入实际数据的千分之一的数值，或是输入四舍五入之后的数值，像这样的数据在后期是无法用于计算的。

像这样调整数值的表示的操作，可以通过单元格的格式设定和函数来完成。并且，运用格式设定来整体设置千分符这种做法更加高效。

像这样，应该不输入数值的单位，而是要输入能够重复利用的数值本身。这被称为"保持可重复利用数据的原则"。

文本

除数值之外的汉字、阿拉伯数字以及其他符号等。

关于此项请注意，如果在函数状态下使用文本，请用英文双引号（""）圈起来。

【例】

=IF(A1>=80,"A","B")

作为数值的 80 直接输入表格即可，而输入文字项"A"与"B"则需要用双引号标示。

日期·时间（序列值）

如果想在 Excel 中正确输入日期，例如"2014/1/1"这样，年、月、日分别用"/"（斜线）隔开，以半角格式输入。

输入时间时则需要像"13:00"一样，将小时与分钟用":"（冒号）隔开，以半角格式输入。

像这样表示日期、时间的数据形式实际上就是"序列值"。由此可见，在 Excel 中日期和时间也可看作数值的一种。

另外说明一点，Excel 可表示的日期范围是从 1900/1/1 到 9999/12/31。

公式·函数

在 Excel 中，可以计算和处理各类数据。为此，我们需要在单元格里输入公式与函数。因此，多掌握 Excel 的实践技巧和函数方面的知识十分重要。

　　输入函数、公式时，全部要用半角英文，从等号（＝）开始输入。

有效利用快捷键

善用键盘

不只是 Excel，操作电脑一般都需要使用键盘和鼠标。只用鼠标时，不得不逐步点击各项菜单，如果是用键盘的话，一次就能够完成这些操作。这就是"快捷键"功能。

例如，"设置单元格的格式"这一步，我发现很多人是将光标移至单元格上，点击鼠标右键，再选择"设置单元格格式"。接下来我要教给大家一个方法：只需按快捷键" Ctrl + 1 "，立刻就能打开"设置单元格格式"。

【设置单元格格式】，按" Ctrl + 1 "立刻打开

　　诸如此类，不使用鼠标就能完成的操作数不胜数。掌握越多这样的技巧，操作就会变得越顺畅。

　　还有前面提到过的"查找和替换"这两个功能。

　　"想删除 Excel 表格中电话号码中的连字符。"

　　"想将半角格式的连字符统一替换为全角。"

　　使用快捷键" Ctrl + H "就能立刻打开"查找和替换"。

用 Ctrl + H 打开［查找和替换］

　　如果使用鼠标，至少需要完成以下 3 个步骤（2010 版本）。

点击开始菜单

➡ 找到功能区最右侧的"查找和选择"并单击

➡ 点击"替换"

　　即使事先知道【开始】菜单中有"查找和替换"这个选项，顺利找到的话最快也要花 3 秒钟。由于熟悉程度的不同，在这上面花费的时间可能有 3 倍的差异。要是动作慢的人，甚至会花 5 秒钟以上。我们的日常工作需要熟练使用电脑，因此一定要熟练使用快捷键。

另外，在想要"复制粘贴"时我们可以使用快捷键 Ctrl + C （复制）和 Ctrl + V （粘贴）。即便如此简单的操作，有人还是会使用鼠标右键来完成，这也会导致工作速度变慢。在速度上，甚至可能会与其他人产生 10 倍以上的差距。

重要快捷键一览表

只要掌握几种常用的快捷键，操作速度就能提升 10 倍，更能掌握 Excel 的基础操作步骤。如果想要迅速提升 Excel 的操作效率，首先要了解以下快捷键操作。

- Ctrl + 1 → 打开"设置单元格格式"
- Ctrl + S → 保存。要经常保存文件
- Ctrl + Z → 撤销，回到上一步。操作错误时，请冷静地
  按下这个快捷键
- Ctrl + F → 查找工作表上或者文件内的字符串（检索功能）
- Ctrl + H → 一次性修改或删除多个字符串（替换功能）
- Ctrl + Enter → 一并输入多个单元格
- Ctrl + D → 复制上一个单元格的内容
- Ctrl + R → 复制左边单元格的内容
- F4 → 设定公式的绝对引用
- Ctrl + F2 → 在 Excel 2007 之后的版本中，此快捷键可
  以显示打印预览

- Ctrl + F11 ➜ 添加工作表
- Alt + = ➜ 运行"自动求和"
- Ctrl + C ➜ 复制
- Ctrl + V ➜ 粘贴
- Ctrl + X ➜ 剪切
- Alt + Enter ➜ 单元格内换行
- Ctrl + 空格 ➜ 选中活动单元格所在的整列
- Shift + 空格 ➜ 选中活动单元格所在的整行（活动单元格为半角英文）
- Ctrl + －（减号）➜ 删除单元格、行、列
- Shift + Ctrl + +（加号）➜ 插入单元格、行、列
- Ctrl + Shift + ! ➜用千分符表示数值的形式
- Ctrl + Shift + % ➜用百分比表示数值的形式

"不使用鼠标"是很严重的误区

经常看到有人说："不要使用鼠标""不用鼠标效率会更高"。但是，我想和大家说："要经常使用鼠标。"像复制粘贴这样经常进行的操作，只要熟悉了快捷键，就能够减少麻烦，顺利推进工作。但是，不使用鼠标而使用触摸板来完成的话，或是在按住 Alt 键后再按三四个键，这并不能称之为"快捷键"。比起牢记快捷键并注意不要按错，直接用鼠标点击相应的选项会更加快捷。原本，提升 Excel 的效率并不意味着必须要提升手速。

虽然我在前文为大家介绍了一些快捷键，但没有必要记住所有的快捷键。只要记住自己经常使用的快捷键即可。

保存制作好的数据

提高工作效率的关键

"电脑死机了！花了一上午时间做的表格全都消失了……"

我经常会在推特上看到有人这样哀号。于是，我通过推特上的自动投稿功能，每天发布下面的文章：

"我已经说过不止一遍了。使用 Excel 时，请注意设置自动保存，操作过程中也要经常按 Ctrl + S 实时保存。这样是为了保护你花费宝贵时间制作的 Excel 表格。请一定要这样做。我每天都能够看到抱怨资料不翼而飞的哀号。"

电脑处于不稳定的状态，制作表格时电脑突然死机导致做好的资料全部消失，这种悲剧并不少见。或者在关闭文件时，最后鬼使神差地按下"不保存"，所有做好的资料瞬间全部消失，我也经常听到有这种惨剧发生。

而这些事情，其实可以用非常简单的方法解决。那就是经常按快捷键 Ctrl + S ，实时覆盖保存文件内容。

即使掌握了很多 Excel 的功能和函数，并且想要借此来高效地完成工作，如果没能保存做好的资料那就是鸡飞蛋打。死机、资料消失这种情况通常都是突然发生的。其结果就是，花了几十分钟、几小时甚至大半天做的表格会全部消失。如此一来，我们就不得不重新制作，使得工作效率大大降低。因此，如果注意经常保存文件，即便出现电脑死机这样的事，也能将损失程度控制在最低。

我偶尔也会看到这样的意见："有时需要管理不同的版本，并不能随意保存。"但是，如果想要分别保存不同版本的文件，可以选择"另存为"，每次保存时可以在"文件名"中添加日期。只要不是做应用开发软件等相关的工作，一般我们在用 Excel 完成工作时，又有多少情况需要我们保存不同版本的文件呢？

我们应该最优先考虑的是避免丢失制作完成的内容。最简单的解决办法就是经常按 Ctrl + S 保存文件。

务必设定自动保存

同时，也要设定自动保存，并且间隔时间尽量要短，最好为一分钟。设定自动保存后，电脑在发生异常、被迫终止操作时，会恢复到上一次保存时的状态。因此即使 Excel 被强制关闭，等到下次打开文件时也能自动恢复数据。也就是说，如果事先将自动保存的间隔时间设定为一分钟，遇到这种情况就能恢复到最新保存的版本了。

自动保存的设定方法如下所示：

【文件】➡【选项】➡ 点击【保存】选项卡
➡ 在【保存工作簿】中勾选"保存自动恢复信息时间间隔"
➡ 保存间隔时间设为 1 分钟

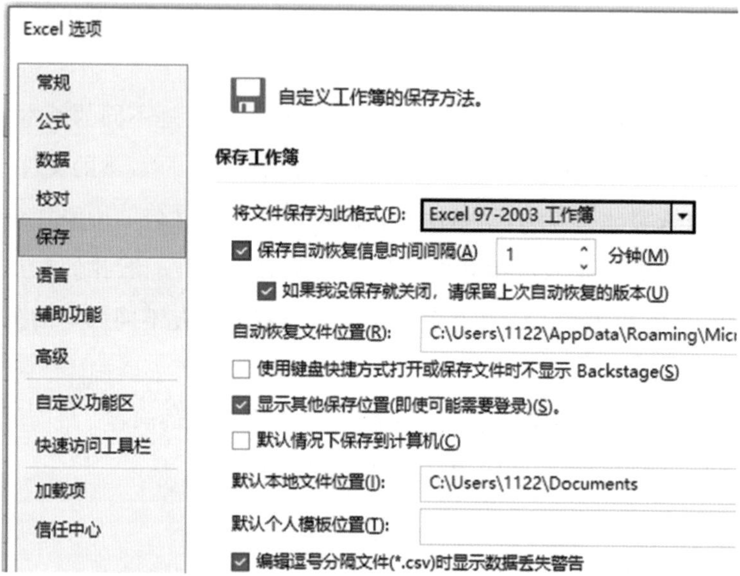

通过这一方法，再也不用担心做好的表格突然丢失了。

这一点是提高操作效率的最基本的前提。

如有错误操作，按 Ctrl + Z 返回上一步

"天哪，删了绝对不能删掉的数据！"

平常工作中您一定经常出现这样的失误：误按 Delete 键、手忙脚乱中不小心按错……

碰到这种状况，请一定要冷静地按下 Ctrl + Z ，这是返回上一步的快捷键。如果一不小心操作失误，请先试试这个办法，大多数情况都有效。

但如果删掉的是工作表，那么就没有办法恢复。只好先选择

不保存文件，在关闭文件后再重新打开，这样就能回到最近保存的版本了。因此，注意经常保存文件很重要。

想暂停时按 Esc

在单元格里输入内容时，有时候需要暂停输入。这时候如果先按下 Enter 键的话，输入的内容就确定了，想要删除的话，需要按下 Delete 键。

而我只要按下 Esc ，就能马上取消输入操作。

另外，不小心打开了功能窗口时，除了按窗口右上方的 ×，也可按 Esc 键直接关闭。

解除闲杂功能，操作更简便

"明明打的是'hsi'，电脑给我改成了'his'……能不能别帮倒忙啊！"

"每次打英文单词，第一个字母都会被改成大写，有什么解决办法呢？"

"如果输入网址，会自动变成超链接形式，真让人郁闷……"

诸如此类，Excel 里有很多明明使用者不想却会被电脑自动修正的功能，而且不清楚这些功能的使用方法，实际遇到的时候确实会觉得烦躁。如果每次都处理相同的问题就会浪费大量的时间。想要避免这种事情发生，需要事先了解如何解除这些功能。这样就能摆脱负面情绪，更快速地完成工作。

其实，在 Excel "选项"中可以更改大部分功能的设置。

取消修正文字

这一功能称为"自动修正"，会修改输入到单元格中的字符串。如果将其关闭，电脑就不会自动修改你所输入的文字了。

1 【文件】➔【选项】➔【Excel 选项】➔【校对】➔ 点击【自动更正选项】

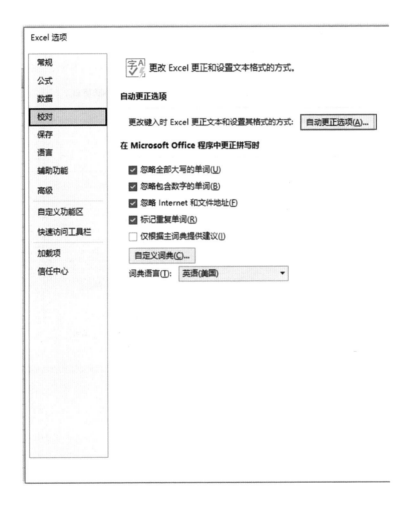

2 【自动更正】选项卡中，取消勾选【键入时自动替换】

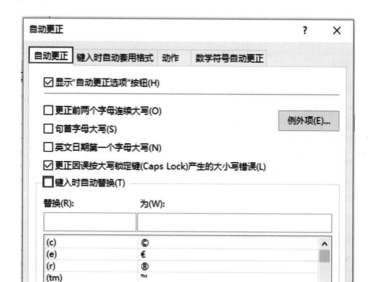

另外，根据需要，也可以取消"句首字母大写""英文日期第一个字母大写"等这些自动修正的设置。

取消超链接

　　【自动更正】中的【键入时自动套用格式】选项卡，取消勾选【Internet 及网络路径替换为超链接】，之后输入网址与电子邮箱也不会自动改为超链接形式了。

取消勾选【Internet 及网络路径替换为超链接】

此项也是被大家"诟病"的"闲杂功能"之一，没有特殊需要还是取消这个设置吧。

取消将数字变为日期形式

在 Excel 中输入"1-1""1/4"这样的格式时，电脑会将它们变为日期形式。如果想正常显示输入的内容，有必要采取以下列出的处理方式。

- 最开头加上单引号（'）
- 【设置单元格格式】中，将表示形式设为【文本】后再输入

与其坐在电脑前生闷气，不如试着找到取消不必要的功能的方法。

工作表的序号全部变成数字

【文件】→【选项】→【Excel 选项】→【公式】→【使用公式】→勾选【R1C1 引用样式】

这样设置后，工作表序号将自动变为数字。因此，如果你发现工作表中的序号都成了数字，就可以检查一下这个设置。

消除单元格的错误提示

单元格公式等出现问题时，单元格左上角会出现带颜色的三角形，表示此单元格有错误。可这个"问题"，有可能是有意为之的，这时候就不需要 Excel 自动纠错。那么，我们可以通过以下方法关掉纠错功能。

【文件】→【选项】→【Excel 选项】→【公式】→【错误检查】→取消勾选【允许后台错误检查】

取消输入时自动更正

在连续输入整列的内容时，如果一开始输入了与上一行单元格的文本同样的内容，单元格会将接下来的内容自动替换为相同文本。当然有时这样很方便，但不需要时又很麻烦。这一功能可通过以下方法取消。

【文件】➡【选项】➡【Excel 选项】➡【高级】
➡ 取消勾选【为单元格值启用记忆式键入】

避免"粘贴选项"频繁出现的情况

进行复制粘贴的操作时，会自动出现【粘贴选项】，如果你不经常使用这一功能的话也会觉得麻烦。如果想取消自动显示，可以按照以下步骤操作。

【文件】➡【选项】➡【Excel 选项】➡【高级】➡【剪切、复制和粘贴】
➡ 取消勾选【粘贴内容时显示粘贴选项按钮】

工作表标签无故消失

偶尔会出现这样的状况：工作表标签完全不显示。这时请确认以下选项。

【文件】➡【选项】➡【Excel 选项】➡【高级】➡【此工作簿的显示选项】
➡ 勾选【显示工作表标签】

除这些设置外，在【Excel 选项】中还可以进行各种设定。各位读者也一定要一并确认其他设置，相信一定会有不少发现。

出现异常状态的 3 个原因及解决方案

"用方向键移动单元格，单元格根本没动，而画面却在移动……"

"用键盘输入文字后，不知道为什么变成了数字……"

"想要改写已经输入的文字，却改写了后面的文字……"

在使用 Excel 的过程中，偶尔会出现上述这些莫名其妙的情况。这些状况让人感到非常困惑，如果没有查出原因就盲目地更改设置的话，可能会浪费许多时间。

以上这些现象，分别是由于按下了"滚动锁定""数字锁定""插入模式"键导致的。发生的原因大部分如下：

"不小心按到了这些键。"

电脑的型号不同，可能会有差异，但是如果发生了上述问题，请试着在键盘上找找这些按键。

- 滚动锁定（Scroll Lock）
- 数字锁定（Num Lock）
- 插入模式（Insert）

只要再次按下这些按键，就可以解除当前状态，有时也可能是同时按下了功能键。

共享 Excel 文件时的注意点

有时，制作好的 Excel 文件并不仅限于自己使用，而是会以邮件附件的形式发送给同事、顾客和客户。因此，为了让接收方能够顺利地打开 Excel 文件，我们在发送文件时需要做好准备。虽然这似乎是微不足道的小事，但如果连这些细节都考虑不到的话，我想这样的人也是无法做好工作的。

保留 1 个新建工作簿的初期工作表

通常来说，新建 Excel 文件时，最初的工作表数量为 3 个（Excel 2013 开始，基本设定为 1 个）。这样一来，假设你把表格数据输入第 1 张工作表中，以邮件附件形式发送给了同事、上司或客户。对方收到后，一打开发现总共有 3 张工作表，然后很可能会逐一去检查第 2 张、第 3 张工作表里是否有内容。

"为什么要给我发送空白的工作表……"

为了不引起不必要的误会，希望大家要注意删掉多余的工作表。

也许这件事看似很简单。但还是希望大家抱着"不给别人添麻烦"的态度去做这件事。

可是不管怎么说，每次都要特意删掉多余的工作表也很麻烦，并且也容易忘记。因此，请大家按照以下步骤设置，在新建 Excel

表格时设定为保留 1 个工作表。

【文件】➞【选项】➞【Excel 选项】➞【常规】➞【新建工作簿时】

➞【包含的工作表数】设定为 1 后点击确定

【包含的工作表数】设定为 1

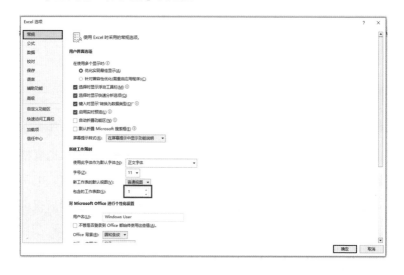

有时候我也会听到有人这样问:"大多数情况下使用 Excel 文件时都会变成 3 个以上工作表,一开始就设定为 3 个不行吗?"针对这一疑问,我想反问一下:

"如果最终还是少于 3 个工作表的话,不仅需要特意删除,还有可能忘记删除,留下这样的隐患有什么好处呢?"

如果想要更多的工作表，使用快捷键 Shift + F11 就能立刻追加。并且在 Excel 2013 中，初始工作表数量已自动设定为 1 个。"一开始就觉得工作表有 3 张比较好"这种想法也没有意义。实际上，有非常多的朋友和我说："幸亏知道了这个方法"。

共享表格时确认"设置打印区域"

"用 Email 发送 Excel 时，请先好好检查一下'设置打印区域'再发送。"

在我还是一个上班族的时候，我的领导不止一次这样提醒过我。我认为打印出来的是 1 张完整的页面，但实际打印出来却足足有 3 页。我经常被领导训斥"太浪费打印纸了"。

用 Email 发送 Excel 文件时，收件人有可能会打印 Excel 文件。如果你没有事先确认"设置打印区域"，本来只想打印在 1 张纸上，而实际打印区域却是 2 页，就会造成纸张的浪费。当然，需要打印的人也有必要事前确认，但还是需要制作文件的人事前设定好打印范围。

比如，你制作了一个比较大的表格。

如果想完整地将这张表格横向打印在 1 张 A4 纸上，具体的设置方法如下。

1 【页面布局】➔【纸张方向】点击【横向】

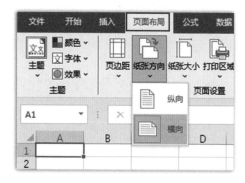

2　【视图】➡点击【分页预览】

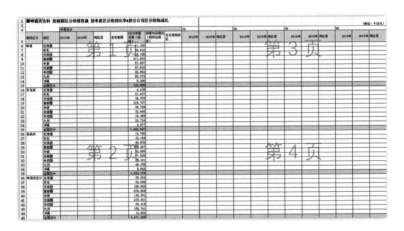

3　呈现以下画面

可以看到，蓝色虚线就是转换页面的地方，这样直接打印的话，这张表将被打印在 4 页纸上。

用鼠标拖拽蓝色虚线，即可调整设置为 1 张打印页面。

用鼠标拖拽蓝色虚线，调整为打印在一张纸上

只是稍微偷懒，不仅会给他人带来麻烦，也会给自己增加不必要的工作。请一定要提前设置好打印页面。

第 2 章

E

如何在 Excel 中
输入函数

输入公式的操作步骤

输入公式的 4 个步骤

在此，我们一起来看一下操作 Excel 的基础——输入公式。虽然这看似是很简单的工作，但实际上从这里开始就能在工作效率上拉开差距。

比如做加法，首先在 Excel 中输入"="，然后用加号将数字或单元格联结在一起。基本步骤如下：

1 用半角模式输入（若发现当前为全角模式，请务必切换至半角）

2 从"="开始输入

3 用鼠标或光标选择需要计算的单元格，输入公式

4 按回车键确定

比如，A1 单元格中的数值为 1，

在某单元格中输入 =A1+1，

按回车键确定后，算式答案自动计算为 2。这就是"公式"。

然后，按公式计算得出的结果显示在单元格中的值，被称为"返回值"。

巧用函数，简化输入过程

再比如，从单元格 A1 到 A5，纵向分别输入 1、2、3、4、5。

求这 5 个单元格数值的总和最直接的方法就是输入以下公式：

=A1+A2+A3+A4+A5

将这一公式输入单元格 A6，会得到答案 "15"。

但是，这种方法非常麻烦。这次举的例子只涉及 5 个单元格，可以使用这个方法。如果要计算 100 个、1000 个单元格的统计数据，只是输入公式可能都要做到天黑。

为了提高这项操作的效率，Excel 中有一个功能为 "为多个单元格求和"，就是 SUM 函数。打个比方，在单元格 A6 中输入以下公式，即可求得单元格 A1—A5 的总和。

=SUM(A1:A5)

如果是要做乘法，则可使用 PRODUCT 函数，以同样方式整合计算。

=PRODUCT(A1:A5)

因此，无论是计算 A1—A100 的数值，还是计算到 A1000、A10000，只要运用函数，就能一次性输入，快速完成计算。

=SUM(A1:A100)

=SUM(A1:A1000)

=SUM(A1:A10000)

诸如此类，对各种计算或者文本处理加工等，Excel 设计了 "函数" 这样的公式体系，专门用来简化用户在使用 Excel 过程中所涉及的复杂操作。

Excel 中的函数功能十分强大，或许有些功能大家一辈子都
不会用到，所以完全没有必要全部记住。找出自己需要掌握的函
数，并且熟练运用才是最紧要的。在 Excel 使用方面，由于无知
而招致损失的典型，就是缺乏函数的相关知识，这样说也完全不
为过。

输入函数的 5 个步骤

输入函数时，在单元格中一定要先在半角英文模式下输入等号
（=），基本结构如下。这种表示函数结构的形式，叫作"公式"。

【公式】

= 函数名（参数 1，参数 2……）

公式中的"参数"是函数必需的构成要素。如果存在多个参
数，就用逗号（,）隔开，从第一个开始按顺序称作参数 1、参数
2……比如运用 IF 函数的话，函数构成如下：

=IF（测试条件，真值，假值）

这一情况中，"测试条件"为参数 1、"真值"为参数 2，"假
值"为参数 3。不同的函数，指定不同的参数会得出怎样不同的
结果，记住这些内容，其实也是在慢慢提高 Excel 的操作技能。

Excel 2007 之后的版本中，在输入函数的过程中会出现候补
名单，运用 TAB 键即可快速输入函数。在此以 SUM 函数为例，
请大家看一下输入函数的具体步骤。

1 半角模式下输入等号（＝）

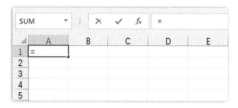

2 在输入需要的函数的过程中会出现候补名单

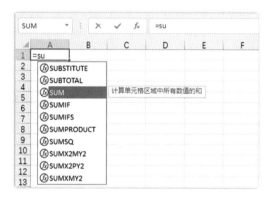

3 用鼠标键从候补菜单中选择要使用的函数名，用 `TAB` 键确定（此操作可补充输入函数名称，也会显示前括号）

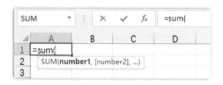

4 括号中输入参数

5 最后输入右括号，按 `Enter` 键或 `TAB` 键确定

按下 `Enter` 键后，活动单元格自动向下移动一格；按下

TAB 键后，活动单元格自动向右移动一格，输入后续的内容十分方便。

如何快速选择单元格范围

在平时的教课过程中，当我提出"选中某一范围的单元格"这一要求，会有一大部分人无法顺利做到。选择单元格范围是与在单元格中输入内容同等重要的操作，我们需要理解和掌握不同类型的操作及其区别。

选择单个单元格

只需将光标移动到目标单元格并点击，或者可以利用键盘上的方向键选择单元格。

选择多个单元格的范围

点击该范围的起始单元格，用鼠标拖拽至终止单元格。这就是"拖拽"操作。

另外，也可以同时按下 Shift 键与方向键，然后按下方向键，扩大单元格的选择范围。

选择数据连续输入的单元格范围

为了选择连续输入数据的单元格范围，可以同时按下 Shift + Ctrl +方向键，这样就能恰好选中目标单元格的范围。

熟练使用"引用"，快速计算

活用单元格中的原始数据

快速输入数据十分重要，但如果能利用单元格里的原始数据，就可不用逐个输入。为此，我们可以使用"引用"功能。

比如说，在单元格 A1 中输入价格，单元格 B1 中要计算出此价格加上消费税的总和。需要在 B1 中输入以下算式（假设消费税为 10%）。

=A1*1.1

B1 中的这个算式，是取 A1 中的数值进行计算。也就是说，B1 是在"引用"A1 的值。

"引用单元格"，可以理解为某个单元格对其他单元格做以下的操作：

"向此单元格看齐。"

"提取此单元格的数值。"

"使用此单元格的数值。"

想要确认输入的算式引用了哪个单元格，则可以选择此算式所在的单元格，按下 F2 键。引用的单元格会被有色框线圈起，易于辨认。

专栏 -

"从属单元格"和"引用单元格"

在 B1 中输入"=A1",意思为"B1 引用 A1 的值"。换句话说,A1 是 B1 引用的目标,因此 A1 是 B1 的"从属单元格"。偶尔也会看到反过来的说法,"B1 是 A1 的引用单元格"。

其实这种说法并不严密。正确点来讲,A1 是 B1 的"引用单元格",B1 是 A1 的"从属单元格"。

关于这一点,看到 Excel 界面的"追踪引用单元格"功能就明白了。图标上的箭头指向"对现在择取的单元格数值产生影响的单元格"。例如,选择 B1 后,在"公式"选项卡中点击"追踪引用单元格",会出现图中的箭头。

点击【追踪引用单元格】后的画面

图示蓝色箭头表示"B1 的引用单元格为 A1"。

反过来,如选择 A1 后点击"追踪从属单元格",会出现下图中的箭头。

点击【追踪从属单元格】

由于这两个名词比较容易引起误解，特在此稍作解释。

必须掌握的运算符

引用单元格中的数值可用于运算，或连接文本。其使用的符号，叫作"运算符号"。接下来我将逐个解说。

四则运算

加法符号"+"、减法符号"–"、乘法符号"*"（星号）、除法符号"/"（斜线）。

例如，想要将 A1 中的数值与 B1 中的数值做乘法。在目标单元格中输入以下内容并按回车键确定。

=A1*B1

文本运算符

合并计算单元格数值时使用，以"&"连接，即为文本运算符。

例如，想合并 A1 的数值与 B1 的数值时，可以这样输入：

=A1&B1

输有此公式的单元格最后显示的结果，就是 A1 与 B1 的合并数值。

比较运算符

在 Excel 中，通过使用功能与函数，可依照单元格数值，做拆分或变化处理。

例如，以"考试分数 80 分以上为 A，79 分以下为 B"作为条件，根据考试分数（条件）在单元格中输入不同的结果（判定）。这种"在特定情况下"来设定条件时，使用的就是"比较运算符"，基本上等同于在学校里学过的"等号"和"不等号"。

- > ➡ 左大于右
- < ➡ 右大于左
- >= ➡ 左大于或等于右
- <= ➡ 右大于或等于左
- = ➡ 右和左相等
- <> ➡ 左右不相等

例如，利用第 3 章中会讲到的 IF 函数，以"如果 A1 中的数值大于 100 则为 A，否则为 B"为条件做计算的话，可在目标单元格内输入以下公式。

=IF(A1>100,"A","B")

此处出现"A1>100"（意为 A1 的值比 100 大）这样的条件设置，就是"逻辑运算"。

复制带公式单元格时的陷阱

有时候，我们需要将公式复制到其他单元格中。如果事先没有掌握相关知识，就会浪费一些不必要的时间。例如，下图是不同地区的分公司的销售额一览表，其中，处理"构成比"一栏时，需要输入正确的公式。

	A	B	C
1	区域名	销售额	构成比
2	北海道	27,767	
3	东北	11,106	
4	关信越	10,831	
5	首都圈	18,432	
6	中部	20,505	
7	近畿圈	47,786	
8	中四国	53,889	
9	九州	27,866	
10	冲绳	24,898	
11	合计	243,080	

各分公司的"构成比"，是将各个分公司销售额除以全公司的销售额计算得出的。因此，首先请在 C2 中输入"=B2/B11"。

在单元格 C2 输入 =B2/B11

※ 选择单元格 C2 ➡ 输入等号（=） ➡ 点击单元格 B2 ➡ 输入斜线（/）
➡ 点击单元格 B11

INFO		✕ ✓ fx	=B2/B11	
	A	B	C	D
1	区域名	销售额	构成比	
2	北海道	27,767	=B2/B11	
3	东北	11,106		
4	关信越	10,831		
5	首都圈	18,432		
6	中部	20,505		
7	近畿圈	47,786		
8	中四国	53,889		
9	九州	27,866		
10	冲绳	24,898		
11	合计	243,080		

详细的内容我会在第 7 章介绍，这里只稍微提一下。在"设置单元格格式"时，可以预先将 C 列的表示形式设为百分比，那么就可以知道北海道分公司的销售额在整个公司中所占的比例。

接下来，同样在 C3—C11 中输入计算占比的公式，就可以得出所有分公司的销售额在整体中所占的比例。你也可以将 C2 中的公式值拖拽复制到 C11。

但是，如果你这么做……就会出现这样的乱码：

表格中显示"#DIV/0!"

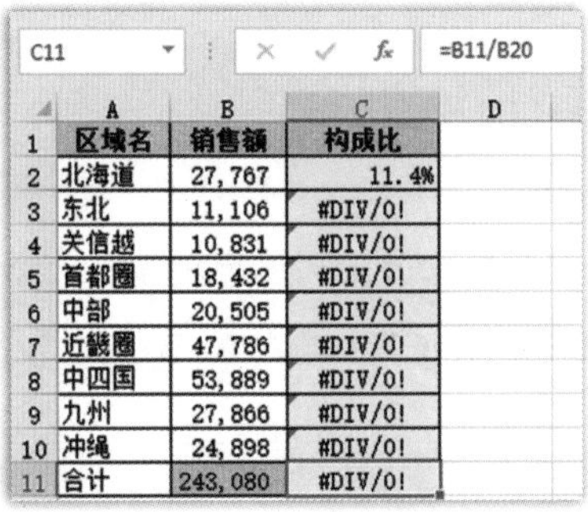

单元格中出现"#DIV/0!"，表示无法计算。

那么到底出了什么问题？我们选中单元格 C3，按下 F2 键。

【 F2 键的功能 】

● 使活动单元格处于可编辑状态。

● 选中的活动单元格内容引用自其他单元格时，用有色框线显示被引用的单元格。

于是，所选单元格的引用单元格如下图。

选中单元格 C3，按下　F2　键

| INFO | ▼ | : | × | ✓ | f_x | =B3/B12 |

	A	B	C	D
1	区域名	销售额	构成比	
2	北海道	27,767	11.4%	
3	东北	11,106	=B3/B12	
4	关信越	10,831	#DIV/0!	
5	首都圈	18,432	#DIV/0!	
6	中部	20,505	#DIV/0!	
7	近畿圈	47,786	#DIV/0!	
8	中四国	53,889	#DIV/0!	
9	九州	27,866	#DIV/0!	
10	冲绳	24,898	#DIV/0!	
11	合计	243,080	#DIV/0!	
12				

被除数引用了正确的单元格（B3），除数本应引用 B11 中的数值，但却引用了单元格 B12 的数值。就是说，指定除数时出现了偏差。

为什么会发生这种情况？

原来，将最初输入的公式向下复制的同时，所引用的单元格也一同被"拖拽"向下移动。

一开始在 C2 中输入"=B2/B11"，其实是引用了 B2 和 B11 的数值。这是因为从单元格 C2 的位置关系来看，系统将 B2 和 B11 这两个单元格分别当作"用于计算的分子与分母的单元格"。从含有公式的单元格 C2 来看，与单元格 B2 和 B11 的位置关系如下：

- B2 ➡ 自己所在处向左 1 格的单元格
- B11 ➡ 自己所在处向左 1 格、向下 9 格所到达的单元格

而且，这种位置关系在被复制的单元格里也是同样。直接拖动复制，向下 1 格的 C3 如先前画面所示，会自动变为"=B3/B12"。

作为被除数的 B3，在含有公式的单元格 C3 看来，就是"向

左 1 格的单元格",选中时会保持这种识别没有问题。但是,关于除数的话,在 C3 看来引用的是"向左 1 格、向下 9 格的单元格",也就是 B12。而 B12 是一个空白单元格,那么这个算式就是 B3 数值除以一个空白单元格数值⋯⋯换句话说,除数其实是 0。

数学中最基本的常识就是除数不能为 0。因此,单元格 C3 最终表示的结果会是"#DIV/0!"这样的乱码。

像这样,在复制包含公式的单元格作为引用单元格时,结果有所偏差的状态叫作"相对引用"。

利用"F4"键与"$"有效进行"绝对引用"

那么,应该怎么操作才能在向下拖拽复制公式的时候保持被除数固定不变呢?答案就是"绝对引用"。请试着用以下方式输入公式。

1 在单元格 C2 输入公式 =B2/B11

2 点击单元格 B11,按 **F4** 键。可以看到,以 B11 为引用单元格后,出现了符号 $

INFO	▼ ⋮	× ✓	f_x	=B2/$B$11
▲	A	B	C	D
1	区域名	销售额	构成比	
2	北海道	27,767	=B2/$B$11	
3	东北	11,106		
4	关信越	10,831		
5	首都圈	18,432		
6	中部	20,505		
7	近畿圈	47,786		
8	中四国	53,889		
9	九州	27,866		
10	冲绳	24,898		
11	合计	243,080		

3　从单元格 C2 开始拖拽至第 11 行，这次并没有出现错误，能够正常计算

	A	B	C	D
			C11	=B11/$B$11
1	区域名	销售额	构成比	
2	北海道	27,767	11.4%	
3	东北	11,106	4.6%	
4	关信越	10,831	4.5%	
5	首都圈	18,432	7.6%	
6	中部	20,505	8.4%	
7	近畿圈	47,786	19.7%	
8	中四国	53,889	22.2%	
9	九州	27,866	11.5%	
10	冲绳	24,898	10.2%	
11	合计	243,080	100.0%	

如果不知道这个方法，就需要手动输入每一个除数，这样会浪费很多时间。

顺带一提，指定引用单元格后，多次按下 F4 键，$ 符号的所在位置也会发生变化。

- $A$1 ➡ 固定列和行
- A$1 ➡ 固定行
- $A1 ➡ 固定列
- A1 ➡ 不固定位置

即使知道"$ 符号为绝对引用"，还是有很多人不清楚按 F4 键可以输入 $ 这一操作方法。请大家一定要善于用 F4 键。

如需纵向、横向复制含有公式的单元格，一般会有两种需求：只固定行、只固定列。这时，可用上述方法切换。

无需记住错误值的种类与意义

除了前文中提到的"#DIV/0!"，还有"#NAME?""#N/A"等在单元格里输入函数后出现的各种难以理解的内容。这些是"错误值"，表示当前输入的函数中出现了问题或偏差。

错误值的种类有许多，但是不需要特意记住它们所表示的含义，只要会判断以下内容就足够了。

- #N/A → （VLOOKUP 函数的）检索值不存在
- #DIV/0! → 除数为 0
- #REF! → 引用单元格已被删除

在错误值的处理问题上，最重要的是掌握设定不显示错误值的技巧（请参照第 122 页）。

第 3 章

E

需要事先掌握的
6 个函数

Excel 中总共有 400 多个函数，当然没有必要全部掌握。如果在工作中需要使用 Excel，那么只要事先掌握 5%～10% 的函数就足够了，最多也就是 50 个左右。

其中，我们应该优先掌握的是以下 6 个非常重要的基础函数。

- "根据指定的条件来对应处理数据" —— IF 函数
- "这个月的销售额是多少?" —— SUM 函数
- "这一销售数据涉及几笔交易?" —— COUNTA 函数
- "销售额的明细如何? 比如，分别计算的销售额" —— SUMIF 函数
- "出席者名单，多少人有 ××?" —— COUNTIF 函数
- "输入商品名称，自动显示价格" —— VLOOKUP 函数

接下来，我将会具体讲解这 6 个函数。

根据条件改变答案——IF 函数

IF 函数的基础知识

如果你是老师，你想以"考试分数在 80 分以上的是 A，80 分以下的是 B"作为判断条件，在 B 列中输入所有分数后，C 列中会显示相应结果。可以按照下面的方法操作。

1 在单元格 C2 中输入以下公式：

=IF(B2>=80,"A","B")

2 按 Enter 键，C2 中得出 "B"

	A	B	C	D	E	F	G
	No	得分	合格与否				
	1	68	B				
	2	91					
	3	20					
	4	27					
	5	62					
	6	97					
	7	91					
	8	82					
	9	92					
	10	31					

C2 =IF(B2>=80,"A","B")

3 将公式复制到其他单元格，系统会根据分数自动做出判断

	A	B	C	D	E	F	G
	No	得分	合格与否				
	1	68	B				
	2	91	A				
	3	20	B				
	4	27	B				
	5	62	B				
	6	97	A				
	7	91	A				
	8	82	A				
	9	92	A				
	10	31	B				

C2 =IF(B2>=80,"A","B")

像这样，根据作为判断条件的数值，可以更改单元格中的数值或公式的结果。这就是 IF 函数的作用。

下面是 IF 函数的具体结构。

【公式】

=IF（条件表达式，条件为真，条件为假）

像这样表示函数结构的形式，叫作"公式"。不是说一定要准确无误地记住所有函数的公式。只要能做到看一眼就大概明白其

中的含义，在实际操作中也能熟练运用就可以。

在此，我们来具体看一下函数结构中各部分所表示的含义。

- 第一参数：条件表达式（用于按照条件分别处理结果）

※ 上述例子（B2>=80）中，表示单元格 B2 的值是否大于或等于 80

- 第二参数：条件为真（即第一参数中的条件表达式成立，符合条件时返回的值）
- 第三参数：条件为假（即第一参数中的条件表达式不成立，不符合条件时返回的值）

也就是说，之前列出的公式，其实是一个命令句："B2 的值大于等于 80 输入 A，否则输入 B！"

如何判定复数条件

在判定复数条件时，请把多个 IF 函数嵌套在一个公式中。比如说，如果要表达"B2 单元格的值大于等于 80 为 A，大于等于 50 为 B，49 以下为 C"，就简化为下列公式。

=IF(B2>=80,"A",IF(B2>=50,"B","C"))

乍一看也许会觉得这个公式又长又复杂，但它只是在重复下面的程序。

1 一开始的条件表达式"B2>=80"，如此条件为真，输入值"A"

2 下一个参数，再次从 IF 和括号开始输入

3 接着输入下一个条件表达式

如果不符合这两个条件表达式中的任何一个条件，则表示"结果为假"，输入的值则指定为"C"。

像这样，在 IF 函数中嵌套一个 IF 函数的现象，叫作"多重条件函数"。IF 函数的多重条件，在 Excel 2007 以后的版本中，最多可以排入 64 个。但是，如果嵌套的函数太多，可能变成自己都难以理解的复杂算式，这点请务必注意。遇到这种情况，可以利用 VLOOKUP 函数的数据变换技巧（参考第 328 页），或利用工作列（参考第 127 页）划分到多个单元格分别处理。总之，可以采取不同的方法。

并且，从 Excel 2016 之后的版本开始出现了能够简化判断一组数据是否符合多个条件的 IFS 函数。其公式如下：

【公式】

=IFS（条件 1，值 1，条件 2，值 2……）

前文中的例子则可以运用 IFS 函数处理，解决了 IF 函数的瓶颈。

=IFS（B2>=80,"A",B2>=50,"B",B2<50,"C"）

但是，Excel 2013 之前的版本无法使用这个函数，目前还是有必要掌握基础的 Excel 函数的。

本月销售额——SUM 函数

SUM 函数的基础

在 Excel 中，加法用"+"符号进行运算。想要求单元格 A1 与 A2 的数值总和，可以用下列算式做加法。

=A1+A2

但是，如果做加法的单元格有很多，全部用"+"连接的话，需要多次输入"+"，这样做十分浪费时间。有一个函数专门用于简化多个单元格做加法时的输入操作，那就是 SUM 函数。

例如，要计算单元格 B2 到 B11 的值的总和，则在 B12 中输入以下公式，目标单元格范围，即用"："（冒号）连接的起始单元格和最终单元格。

=SUM(B2:B11)

也就是说，在 SUM 函数的括号中的内容是需要计算总和的单元格的范围。

【公式】

=SUM（想要计算总和的单元格的范围）

计算连续单元格范围内的总和——ΣSUM

在 B12 与 C12 中分别输入总数量与总销售额。

在 B12 单元格里，输入 =SUM(B2:B11)

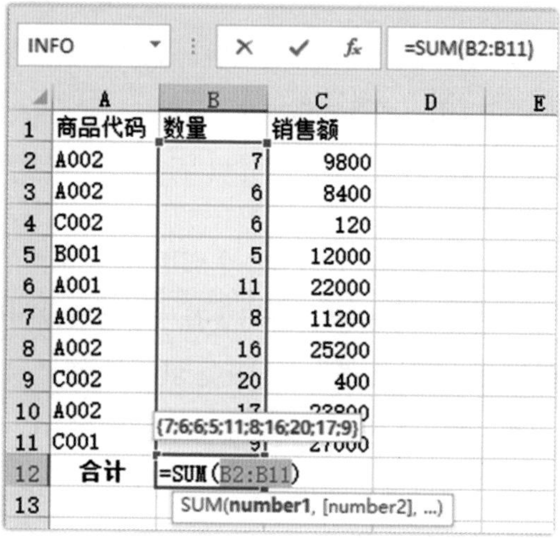

其实，想要计算多个连续单元格范围内的总和，有更简便的方法，那就是使用 ΣSUM 函数（SUM 函数中的一种），它的功能就是能够自动输入 SUM 函数和计算总和的范围。

可在【开始】栏目下点击 ΣSUM 按钮，或者不使用鼠标，直接按快捷键。虽然这两种方法的区别甚微，但掌握快捷键总是方便的。先选择 B12，然后按下以下快捷键。

Alt + =

随后，就会像前文中的画面一样，系统自动指定合计单元格范围，目标单元格里也含有 SUM 函数。

并且，这时候如果在 B12 与 C12 都被选中的前提下，按下这组快捷键，处于自动选中合计单元格范围的 SUM 函数，会同时出现在这两个单元格中。

如何求多个分开的单元格的总和

如果要计算多个分开的单元格的总和，应该怎么做呢？

这时，按照以下方式，按下 `Ctrl` 键并用鼠标选中单元格，就能轻松输入公式。

1 选中想要求和的单元格，输入 =SUM(

※ 这里选择了单元格 C14

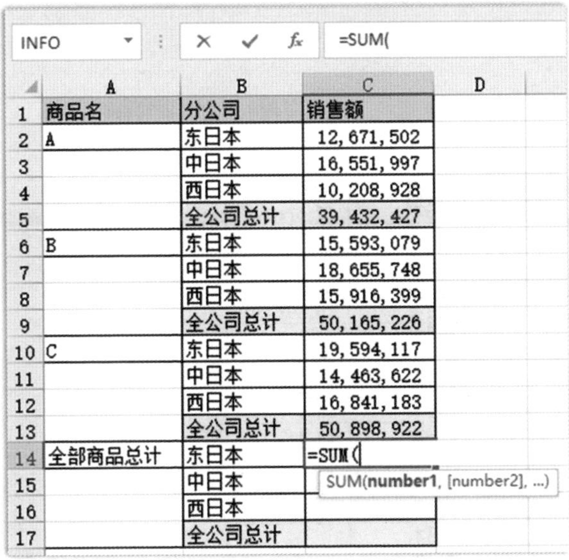

2 按 Ctrl 键，选择需要求和的单元格

※ 如图所示，点击单元格 C2、C6、C10。

INFO	▼	:	×	✓	fx	=SUM(C2,C6,C10

▲	A	B	C	D	E
1	商品名	分公司	销售额		
2	A	东日本	12, 671, 502		
3		中日本	16, 551, 997		
4		西日本	10, 208, 928		
5		全公司总计	39, 432, 427		
6	B	东日本	15, 593, 079		
7		中日本	18, 655, 748		
8		西日本	15, 916, 399		
9		全公司总计	50, 165, 226		
10	C	东日本	19, 594, 117		
11		中日本	14, 463, 622		
12		西日本	16, 841, 183		
13		全公司总计	50, 898, 922		
14	全部商品总计	东日本	=SUM(C2,C6,C10		
15		中日本	SUM(number1, [number2], [number3], [		
16		西日本			
17		全公司总计			

3 输入右括号，按回车键确定

C14	▼	:	×	✓	fx	=SUM(C2,C6,C10)

▲	A	B	C	D
1	商品名	分公司	销售额	
2	A	东日本	12, 671, 502	
3		中日本	16, 551, 997	
4		西日本	10, 208, 928	
5		全公司总计	39, 432, 427	
6	B	东日本	15, 593, 079	
7		中日本	18, 655, 748	
8		西日本	15, 916, 399	
9		全公司总计	50, 165, 226	
10	C	东日本	19, 594, 117	
11		中日本	14, 463, 622	
12		西日本	16, 841, 183	
13		全公司总计	50, 898, 922	
14	全部商品总计	东日本	47, 858, 698	
15		中日本		
16		西日本		
17		全公司总计		

如此，单元格 C14 中显示为

=SUM(C2,C6,C10)

像这样，在需要求和的单元格之间输入 "," 来隔开，就能够大幅提升工作效率。

如何提高乘法运算、字符串混合输入的效率

在 Excel 中，同样有能够快速输入乘法运算和字符串的函数。

PRODUCT 函数可以对括号内指定的数值做乘法。例如，按如下方式输入，可算出单元格 A1 到 E1 数值相乘后的结果。

=PRODUCT(A1:E1)

用星号（*）连接单元格的话，公式则如下所示。很明显，前面的方法要轻松得多。

=A1*B1*C1*D1*E1

除此之外，还有在括号内连接多个指定文本的 CONCATENATE 函数。首先输入：

=CONCATENATE(

之后，按住 **Ctrl** 键，点击想要连接的单元格，像这样，选中的单元格会被 "," 隔开。

=CONCATENATE(A1,B1,C1,D1,E1)

并且，使用 CONCAT 函数时，不仅可以用 "," 隔开，还可

以像下方一样用鼠标拖拽来指定范围。

　　=CONCAT(A1:E1)

　　用"&"连接各单元格也是一样，但存在多个需要连接的目标单元格时，还是这种方法更简便。

现在，列表中有几项数据？
——COUNTA 函数

"销售额"不仅是金额的总和

前文中介绍的 SUM 函数，是在日常工作中使用频率最高的函数之一。但是，在实际操作时也会出现问题。比如在计算销售额总和时，SUM 函数得出的结果为金额总和。但是，除金额以外，"成交件数""销售个数""客户人数"也是"销售额"中的要素。也就是说，用 SUM 函数计算得出"销售额为1 亿日元"之后，接下来有必要表示"这些销售额中的成交量是多少"。

这时，我们就需要用到 COUNTA 函数了。如果说 SUM 函数是用来"算出指定单元格的总和"，那么 COUNTA 函数则是用来"计算指定单元格的范围内，包含有效数值的单元格的个数（即非空白单元格的个数）"。

例如，在下页图的单元格 D1 中，运用 SUM 函数计算 B列的销售金额的总计后，在其下方的单元格 D2 中输入以下COUNTA 函数，计算该销售额的"成交件数"。

= COUNTA (B:B)-1

像这样，COUNTA 函数能够参照整列的数据，处理多个数据的变动，这是十分重要的。后文中出现的 SUMIF、COUNTIF、

VLOOKUP 函数也一样。这种通过参照列整体的数据，提升维护数据的性能思考方式，被称为"列整体参照原则"（参考第 79 页）。

把函数翻译成文字

这一函数，实际是通过以下方式进行计算的。

"数一数在 B 列中，有多少单元格内含有数据（除空白单元格以外的数量），并减去 1。"

为什么要减去 1 呢？这是因为计算时要除去内容为"金额"的单元格 B4。像这样，在实际使用 Excel 时，必须掌握"根据不同情况，在函数公式中通过增减数字进行调整"这种能力和思维方式。

"能把函数用文字翻译出来"非常重要。要习惯用文字来解释说明函数公式在进行怎样的处理。

此外，在此介绍的"整列单元格数减去 1"的公式，也可用于自动增减在输入规则时的菜单选项。（参考第 213 页）

与 COUNT 函数的区别

与 COUNTA 函数极为相似的函数是 COUNT 函数。它与 COUNTA 函数的区别如下：

● COUNTA 函数

指定参数范围内，计算除空白单元格之外的单元格的个数，即统计包含数据的单元格的数量。

● COUNT 函数

指定参数范围内，计算含有数值的单元格的数量。

也就是说，COUNT 函数只计算含有数字的单元格个数。因此，自动忽略统计含有文本的单元格的数量。在具体实务操作上，一般用 COUNTA 函数就够了，当需要计算输入有数字、数据的单元格的数量时，再使用 COUNT 函数即可。

按照负责人分别计算销售情况
——SUMIF 函数

SUMIF 函数的基础

如下所示，A 列为负责人，D 列为销售额数据。

A 列：负责人；D 列：销售额

	A	B	C	D	E	F	G	H	I	J
1	负责人	商品代码	数量	销售额	去年数据		负责人	销售额	构成比	
2	冰室	A002	7	9800	9800		冰室			
3	远藤	A002	6	8400	8400		远藤			
4	熊泽	C002	6	120	144		熊泽			
5	内山	B001	5	13000	14300		内山			
6	内山	A001	11	22000	19000		松本			
7	冰室	A002	8	11200	11200		合计			
8	远藤	A002	18	25200	25200					
9	熊泽	C002	20	400	360					
10	内山	A002	17	23800	23800					
11	内山	C001	9	27000	24300					
12	冰室	C002	14	280	252					
13	远藤	B002	16	3200	3520					
14	远藤	C001	16	48000	43200					
15	内山	A002	8	11200	11200					
16	松本	C001	6	18000	16200					
17	冰室	B002	20	4000	4000					
18	冰室	C001	13	39000	46800					
19	熊泽	C001	20	60000	66000					
20	内山	C001	13	39000	39000					
21	内山	B001	15	39000	39000					

销售额的总和。

在做这项工作时，我看到很多人发生了以下"惨剧"。

● 使用电子计算器，手动计算数据。

64

- 输入"=SUM(D2,D7,D12,D17,D18)",统计每一名负责人的销售额总数时,都要重复这一操作。

那么,在这种情况下应该怎样做呢?
这时我们可以使用 SUMIF 函数,下面来看一下具体的操作步骤吧。

1 在单元格 H2 内输入以下公式

=SUMIF(A:A,G2,D:D)

	A	B	C	D	E	F	G	H	I	J
SUM					fx	=SUMIF(A:A,G2,D:D)				
1	负责人	商品代码	数量	销售额	去年数据		负责人	销售额	构成比	
2	冰室	A002	7	9800	9800		冰室	=SUMIF(A:A,G2,D:D)		
3	远藤	A002	6	8400	8400		远藤			
4	熊泽	C002	6	120	144		熊泽			
5	内山	B001	5	13000	14300		内山			
6	内山	A001	11	22000	19000		松本			
7	冰室	A002	8	11200	11200		合计			
8	远藤	A002	18	25200	25200					
9	熊泽	C002	20	400	360					
10	内山	A002	17	23800	23800					
11	内山	C001	9	27000	24300					
12	冰室	C002	14	280	252					
13	远藤	B002	16	3200	3520					
14	远藤	C001	16	48000	43200					
15	内山	A002	8	11200	11200					
16	松本	C001	6	18000	16200					

2 按下回车键后,单元格 H2 内显示"冰室"负责的销售额

	A	B	C	D	E	F	G	H	I	J
H3					fx					
1	负责人	商品代码	数量	销售额	去年数据		负责人	销售额	构成比	
2	冰室	A002	7	9800	9800		冰室	64280		
3	远藤	A002	6	8400	8400		远藤			
4	熊泽	C002	6	120	144		熊泽			
5	内山	B001	5	13000	14300		内山			
6	内山	A001	11	22000	19000		松本			
7	冰室	A002	8	11200	11200		合计			
8	远藤	A002	18	25200	25200					
9	熊泽	C002	20	400	360					
10	内山	A002	17	23800	23800					

3 将单元格 H2 中的公式拖拽复制至 H6，则会显示相应的
负责人的销售额

	A	B	C	D	E	F	G	H	I	J
				=SUMIF(A:A,G2,D:D)						
1	负责人	商品代码	数量	销售额	去年数据		负责人	销售额	构成比	
2	冰室	A002	7	9800	9800		冰室	64280		
3	远胜	A002	6	8400	8400		远胜	84800		
4	熊泽	C002	6	120	144		熊泽	60520		
5	内山	B001	5	13000	14300		内山	175000		
6	内山	A001	11	22000	19000		松本	18000		
7	冰室	A002	8	11200	11200		合计	402600		
8	远胜	A002	18	25200	25200					
9	熊泽	C002	20	400	360					
10	内山	A002	17	23800	23800					

4 想要得出所有负责人的销售额总和时，则需要选中单元
格 H7，再按下 AutoSUM 快捷键 Alt + =

	A	B	C	D	E	F	G	H	I	J
	SUM			=SUM(H2:H6)						
1	负责人	商品代码	数量	销售额	去年数据		负责人	销售额	构成比	
2	冰室	A002	7	9800	9800		冰室	64280		
3	远胜	A002	6	8400	8400		远胜	84800		
4	熊泽	C002	6	120	144		熊泽	60520		
5	内山	B001	5	13000	14300		内山	175000		
6	内山	A001	11	22000	19000		松本	18000		
7	冰室	A002	8	11200	11200		合计	=SUM(H2:H6)		
8	远胜	A002	18	25200	25200			SUM(number1, [number2], ...)		
9	熊泽	C002	20	400	360					
10	内山	A002	17	23800	23800					
11	内山	C001	9	27000	24300					

5 按下回车键，可得出全体负责人的销售额的总和

	A	B	C	D	E	F	G	H	I	J
	H8									
1	负责人	商品代码	数量	销售额	去年数据		负责人	销售额	构成比	
2	冰室	A002	7	9800	9800		冰室	64280		
3	远胜	A002	6	8400	8400		远胜	84800		
4	熊泽	C002	6	120	144		熊泽	60520		
5	内山	B001	5	13000	14300		内山	175000		
6	内山	A001	11	22000	19000		松本	18000		
7	冰室	A002	8	11200	11200		合计	402600		

SUMIF 函数有三个参数。

● 第一参数：用于条件判断的单元格区域

- 第二参数：在第一参数指定的范围里，需要计算总和的行的判定条件
- 第三参数：实际求和的区域

按照步骤 1 输入"=SUMIF(A:A,G2,D:D)"这个公式，Excel 会自动识别，做出以下的处理：

- 需要计算总和的区域为 D 列数值。但并不是要算出 D 列中全部数值的总和。
- 只计算在 A 列中与 G2 的值相同的行的 D 列数值的总和。

不能只导出实数一览表

决不能仅限于导出实数一览表。将得出的数字进行比较，才有其计算的意义。让我们再算一下"构成比"吧。

1 单元格 I2 中，输入计算冰室的销售额占整体销售额的比例的公式

	A	B	C	D	E	F	G	H	I
	负责人	商品代码	数量	销售额	去年数据		负责人	销售额	构成比
1									
2	冰室	A002	7	9800	9800		冰室	64280	=H2/$H$7
3	远藤	A002	6	8400	8400		远藤	84800	
4	熊泽	C002	6	120	144		熊泽	60520	
5	内山	B001	5	13000	14300		内山	175000	
6	内山	A001	11	22000	19000		松本	18000	
7	冰室	A002	8	11200	11200		合计	402600	
8	远藤	A002	18	25200	25200				
9	熊泽	C002	20	400	360				
10	内山	A002	17	23800	23800				
11	内山	C001	9	27000	24300				
12	冰室	C002	14	280	252				
13	远藤	B002	16	3200	3520				
14	远藤	C001	16	48000	43200				
15	内山	A002	8	11200	11200				
16	松本	C001	6	18000	16200				
17	松本	B002	20	4000	4000				
18	冰室	C001	13	39000	46800				

INFO × ✓ fx =H2/$H$7

2 按下回车键，显示冰室的销售额在整体中的所占比例

	A	B	C	D	E	F	G	H	I	J
1	负责人	商品代码	数量	销售额	去年数据		负责人	销售额	构成比	
2	冰室	A002	7	9800	9800		冰室	64280	16%	
3	远腾	A002	6	8400	8400		远腾	84800		
4	熊泽	C002	6	120	144		熊泽	60520		
5	内山	B001	5	13000	14300		内山	175000		
6	内山	A001	11	22000	19000		松本	18000		
7	冰室	A002	8	11200	11200		合计	402600		
8	远腾	A002	18	25200	25200					
9	熊泽	C002	20	400	360					

3 拖拽复制到单元格 I7，即可显示每一名负责人销售额所占的比例

`=H2/$H$7`

	A	B	C	D	E	F	G	H	I	J
1	负责人	商品代码	数量	销售额	去年数据		负责人	销售额	构成比	
2	冰室	A002	7	9800	9800		冰室	64280	16%	
3	远腾	A002	6	8400	8400		远腾	84800	21%	
4	熊泽	C002	6	120	144		熊泽	60520	15%	
5	内山	B001	5	13000	14300		内山	175000	43%	
6	内山	A001	11	22000	19000		松本	18000	4%	
7	冰室	A002	8	11200	11200		合计	402600	100%	
8	远腾	A002	18	25200	25200					
9	熊泽	C002	20	400	360					
10	内山	A002	17	23800	23800					
11	内山	C001	9	27000	24300					
12	冰室	C002	14	280	252					
13	远腾	B002	16	3200	3520					
14	远腾	C001	16	48000	43200					

如此一来，即可显示每一名负责人的销售额所占比例，每一名负责人的贡献程度等情况也会一目了然。

另外，比起"A 君的业绩是最高的"这种模糊的说明，运用"A 君的销售额占全员的 43%"这样带有具体数据的表达，会让说明变得更加详细、更有说服力。

如果统计条件不止一个，可以使用以下两种方法。

- 追加"工作列"
- 使用 SUMIFS 函数

SUMIFS 函数的公式为：

【公式】

=SUMIFS（求和范围，条件范围 1，条件 1，条件范围 2，条件 2⋯⋯）

条件和条件范围为一个搜索组合，其上限为 127 对。

参加名单中，有多少人出席
——COUNTIF 函数

COUNTIF 函数的基础

假设要制作活动的参加者名单。参加与否一列中需要输入○、△、× 这 3 种符号。

活动出席人员名单

那么，要自动计算出现在的参加者有几人，即标记"○"的人数是多少，以及缺席人员，即标记"×"的有几个人，应该怎样处理呢？当然，我们不可能每次都口头计算，再填到 E1—E3 的表格里，这样太浪费时间了。

为节省时间，有一种函数可以算出"在 B 列中，标有'○'的单元格有多少个"，那就是 COUNTIF 函数。

那么，我们来试着在 B 列中分别计算单元格 E1—E3 中的○、△、×的数量吧。也就是说，即使这张参加名单表格有任何追加、变更的情况，各个记号的数量也会自动更新。

1　在单元格 E1 中，输入以下公式，计算 B 列中与 D1 有相同内容的单元格的数量

=COUNTIF(B:B,D1)

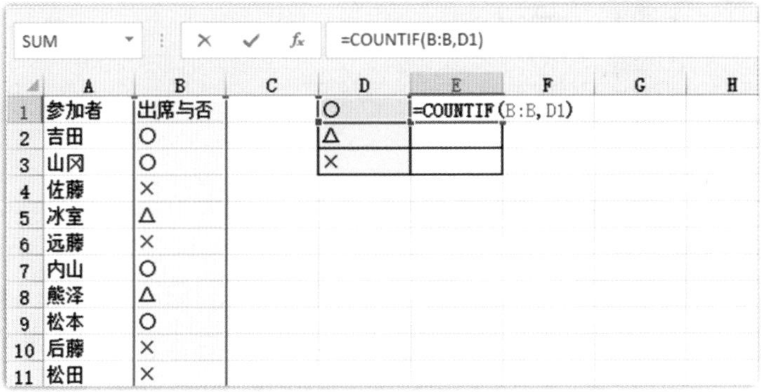

2　按回车键，在单元格 E1 中显示结果

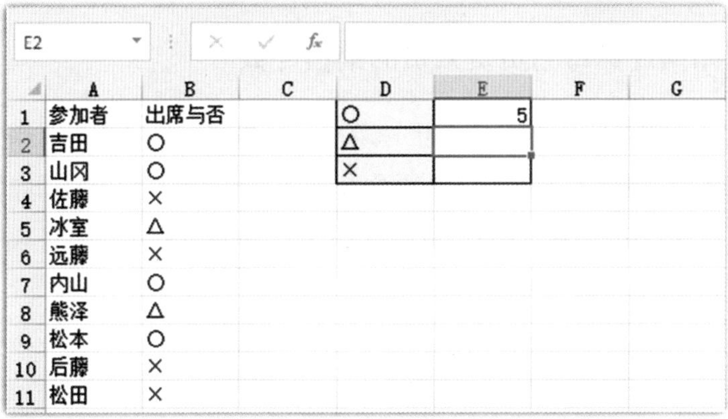

3 将公式拖拽复制至单元格 E3，显示其他记号的数量

E1		▼	⁞	×	✓	*fx*	=COUNTIF(B:B,D1)

▲	A	B	C	D	E	F	G
1	参加者	出席与否		○	5		
2	吉田	○		△	2		
3	山冈	○		×	4		
4	佐藤	×					
5	冰室	△					
6	远藤	×					
7	内山	○					
8	熊泽	△					
9	松本	○					
10	后藤	×					
11	松田	×					

COUNTIF 函数有下面 2 个。

● 第一参数：计算其中非空白单元格数目的区域
● 第二参数：在第一参数的指定范围内计算数目的条件

指定范围（第一参数）中，计算出第二参数指定的值或者与指定的条件一致的单元格的数目。

如何计算每名负责人员的销售件数

用前面写到的 SUMIF 函数可以算出每一位负责人完成的销售额，那么这次来算一下每个人的销售件数吧。利用前面介绍过的 SUMIF 函数，在 H 列的"销售额"中输入每一位负责人的销售额。

I 列的"销售件数"，则显示"这些销售额分别来自多少件销售业务"这一数据。在这个表格中，单元格 I2 中的数字表示

"A 列中含有的单元格中 G2 数值（即'冰室'）的数目有多少"。

1 在单元格 I2 中输入以下公式，计算 A 列单元格中 G2 数值（即"冰室"）的数目有多少

=COUNTIF(A:A,G2)

2 按回车键后，单元格 I2 中显示的数值表示：A 列中出现的与 G2 有相同值（即"冰室"）的单元格的数目

3 将单元格 I2 中的公式拖拽复制到 I6，然后选择 I7，按 Alt + = （AutoSUM 快捷键）获得总和

I7		✕ ✓ fx	=SUM(I2:I6)						
	A	B	C	D	E	F	G	H	I	J	K

	负责人	商品代码	数量	销售额	去年数据		负责人	销售额	销售件数	每件平均销售额
2	冰室	A002	7	9800	9800		冰室	64280	5	
3	远藤	A002	6	8400	8400		远藤	84800	4	
4	熊泽	C002	6	120	144		熊泽	60520	3	
5	内山	B001	5	13000	14300		内山	175000	7	
6	内山	A001	11	22000	19000		松本	18000	1	
7	冰室	A002	8	11200	11200		合计	402600	20	
8	远藤	A002	18	25200	25200					
9	熊泽	C002	20	400	360					
10	内山	A002	17	23800	23800					
11	内山	C001	9	27000	24300					
12	冰室	C002	14	280	252					
13	远藤	B002	16	3200	3520					
14	远藤	C001	16	48000	43200					
15	内山	A002	8	11200	11200					
16	松本	C001	6	18000	16200					
17	冰室	B002	20	4000	4000					
18	冰室	C001	13	39000	46800					
19	熊泽	C001	20	60000	66000					
20	内山	C001	13	39000	39000					
21	内山	B001	15	39000	39000					

完成以上三步，即完成统计。

这里出现的数字，计算的是"A 列中含有各负责人名字的单元格，各有多少个"。把它作为一个商业数据概念来讲的话，I2 表示的是"冰室的销售件数共有 5 件"。

另外，在这张图中有一列空白的单元格，此列数据是将每一位负责人的销售额除以销售件数，得到的平均销售额的数据。通过计算结果，就能分析出如"虽然以销售件数来说冰室比远藤多一些，但是远藤的销售额更高是因为远藤的平均销售额更高"这样的结果。以此进一步了解到"冰室只要向远藤看齐，增加每件交易的平均销售额，即可提高总销售额"。

只是像这样简单的分析，也能成为我们探讨一些具体销售策略的契机，比如："为了这一目标，具体应该制定怎样的销售策

略?""我们应该考虑什么样的促销手段?"

　　通过使用 COUNTIF 函数,我们可以检查数据是否重复、确认指定数据是否存在、单元格中是否包含指定文本,等等。这是一个十分方便的重要函数,请一定要掌握。

　　如果想要计算符合多个条件的单元格的数量,则可以使用 COUNTIFS 函数。

【公式】

=COUNTIFS(条件范围 1,条件 1,条件范围 2,条件 2……)

输入商品名，自动显示价格
——VLOOKUP 函数

VLOOKUP 函数的基础

假设有以下数据表格。

这时，A 列中输入商品代码后，单价一列即可自动出现价格，这样不仅十分方便，还能避免输入错误。

但是，要想实现这点，需要预先在其他地方准备好"各商品的价格"一览表。在这张 Excel 工作表中，可作为参考信息的表格（商品单价表）位于右侧。

那么，我们试着将与 A 列各商品代码匹配的单价显示在 B 列中吧。

1 在单元格 B2 中输入以下函数：

=VLOOKUP(A2,F:G,2,0)

	A	B	C	D	E	F	G	H
				fx	=VLOOKUP(A2,F:G,2,0)			
1	商品代码	单价	数量	小计		★商品单价表		
2	A001	=VLOOKUP (A2:F:G, 2, 0)				商品代码	单价	
3	A002					A001	2000	
4	B001					A002	1400	
5	B002					B001	2600	
6	C001					B002	200	
7	C002					C001	3000	
8	C003					C002	20	

2 按回车键确定后，将 B2 拖拽复制到单元格 B8

	A	B	C	D	E	F	G	H
				fx	=VLOOKUP(A2,F:G,2,0)			
1	商品代码	单价	数量	小计		★商品单价表		
2	A001	2000				商品代码	单价	
3	A002	1400				A001	2000	
4	B001	2600				A002	1400	
5	B002	200				B001	2600	
6	C001	3000				B002	200	
7	C002	20				C001	3000	
8	C003	#N/A				C002	20	
9								

由此，B 列的各单元格中出现了与商品代码匹配的单价。

在此输入的 VLOOKUP 函数，到底是什么样的函数呢？只有能够用文字解释，才算是完全掌握了这个函数。将 VLOOKUP 函数转换成文字，则为以下指令：

"在 F 列到 G 列范围内的左边一列（即 F 列）中，寻找与单元格 A2 的值相同的单元格，找到之后输入对应的右边一列（即 G 列）单元格的值。"

VLOOKUP 中的 V 是 Vertical（垂直），意为"在垂直方向上查找"。此外，类似函数还有 HLOOKUP 函数，首字母 H 代表 Horizontal，表示"水平"之意。因篇幅有限，本书无法做出更详尽的说明，有兴趣的读者可自行了解。

4 个参数的意义与处理流程

在这个函数中，有用逗号（,）隔开的 4 个参数，我们来看看这 4 个参数各自表达的意思吧。

- 第一参数：检索值（为取得需要的数值，含有能够作为参考值的单元格）
- 第二参数：检索范围（在最左列查找检索值的范围。"单价表"检索的范围）
- 第三参数：输入对应第二参数指定范围左数第几列的数值
- 第四参数：输入 0（也可以输入 FALSE）

这个函数，首先在某处搜索被指定为第一参数检索值的值。至于搜索范围则是第二参数指定范围的最左边的列。上述例子中，第二参数指定的是 F 列到 G 列的范围，因此检索范围为最左列的 F 列。

接下来，如果在 F 列里发现了检索值（如果是单元格 B2，则指 A2 的值，即"A001"，F 列中对应的是 F3），那么这一单元格数据即为自检索值单元格向右移动第三参数指定的数字单元格的数值。这一例子中，第三参数指定为 2，因此参考的是从 F3 往右数第 2 列的单元格 G3 的数据。

然后，再在这张表的"小计"栏中输入"单价 × 数量"的乘法算式，输入数量后，系统就会自动计算"小计"栏中的数据。

如果在报价单与订单的 Excel 表格里设置这样的构造，制作工作表时就会十分方便。这是一项能够提高 Excel 操作效率的基础工序。

用"整列指定"检查

请注意一下在第二参数中指定 F 列和 G 列这两个整列的这个操作。这样，即便在单价表里追加了新商品，VLOOKUP 函数依然可以做出相应的处理。在设定事先输入 VLOOKUP 函数，就能自动显示的格式时，使用上述方便的功能吧。

下面的公式，仅指定了单价表范围，每次增加商品时都需要修改 VLOOKUP 函数，这样十分浪费时间。

=VLOOKUP(A2,$F$3:$G$8,2,0)

无论是 SUMIF 函数、COUNTIF 函数还是 VLOOKUP 函数，基本都是以列为单位选取范围。这样不仅能够快速输入公式，使用起来也十分方便。

这就是提升 Excel 效率的原则——列整体参照原则。

第 4 章

E

通过应用与组合，
提升函数的威力

如果想要知道所有的 Excel 函数，那么你可以买一本介绍 Excel 函数的词典。但是掌握所有 Excel 函数，对工作也不会有太多帮助。最重要的是，要知道"如何组合使用两个或多个函数，来实现需要 Excel 完成的处理"。

在本章中，我会介绍一些案例，看一下"在实际工作中应该如何使用函数"。我希望大家能从这些例子中明白一点：比起掌握具体的技巧，更重要的是学会如何"构思"。刚开始可能许多人会觉得很难，但习惯后，就可以灵活运用函数的各种特性，以及各种操作，思考如何自由地处理各种数据。运用 Excel 函数来提升工作效率，其实是一项富有创造性的脑力工作。

并且，2020 年以后的新版本中应用于 Excel 的"XLOOKUP"和"#SPILL!"这些功能能够替代在本章中介绍的 VLOOKUP 函数的应用技巧。除此之外，FILTER 函数和 SORT 函数等非常方便的函数出现在 2020 年以后的新版本中，这些函数和功能能够大幅改变 Excel 的使用方法。

那么，对于 Excel 的用户来说，是否有必要在添加新函数和新功能的版本出现时掌握新增的功能呢？

回答是否定的。

现在市面上使用的 Excel 是新旧版本混用的。并且，从企业的现状来看，积极使用新版本的企业并不多。也就是说，能够使用这些函数和功能的企业仅占一小部分。

2019 年，我在社交网站进行的个人调查的结果显示，3000 名回答者中，其实有 16% 的人在公司中使用 Excel 2003 版本。也就是说，这部分人在无法使用 Excel 2007 版本添加的 SUMIFS 函数和 IFERROR 函数等的环境中使用 Excel。从这个观点出发，本书会重视"向下兼容性"来进行解说。

判断单元格中是否包含
特定的字符串

如何计算世田谷区的客户人数

"想要从客户数据中统计出世田谷区的客户人数。"

这时，如何才能简单、快速地完成这项工作呢？

其实只需要按照下面这两个步骤操作即可。

- 查找单元格中是否包含"世田谷区"这四个字
- 如有，则在其对应单元格中输入"1"

如此一来，只要计算含有"1"的单元格的数目，就能得出包含"世田谷区"这四个字的单元格数目。

像这样，"确认单元格里含有特定字符串时，标记为数字1"的操作，属于 COUNTIF 函数的应用。假设在 A 列中输入住址，B 列输入数字 1。

1 在单元格 B2 中输入以下公式：

=COUNTIF(A2,"* 世田谷区 *")

| INFO | ▼ | ⋮ | × | ✓ | *fx* | =COUNTIF(A2,"*世田谷区*") |

	A	B	C	D	E
1	住址	世田谷区			
2	东京都中央区明石町	=COUNTIF(A2,"*世田谷区*")			
3	东京都世田谷区船桥				
4	东京都中野区沼袋				
5	东京都北区西之原				
6	东京都目黑区自由之丘				
7	东京都世田谷区豪德寺				

2 一直将公式复制到数据的最后一行

| B7 | ▼ | ⋮ | × | ✓ | *fx* | =COUNTIF(A7,"*世田谷区*") |

	A	B	C	D	E
1	住址	世田谷区			
2	东京都中央区明石町	0			
3	东京都世田谷区船桥	1			
4	东京都中野区沼袋	0			
5	东京都北区西之原	0			
6	东京都目黑区自由之丘	0			
7	东京都世田谷区豪德寺	1			
8					

这样一来，在 A 列单元格中若含有"世田谷区"四个字，B 列中就会在相应的行显示"1"。

此处出现的"*"符号叫作"星号"。无论是什么样的文字，无论有多少字，都可以这个符号来代替（作为"通配符"使用的符号）。意思就是说，"世田谷区"前后含有其他文字。这样一来，只要该字符串符合"包含'世田谷区'四个字"这样的条件，即可被检索出来。

现在让我们来复习一下，COUNTIF 函数是在第一参数指定区域中，计算符合第二参数指定条件的单元格数目的函数。在单元格 B2 中输入的函数有这样的意思：

在单元格 A2 中包含"世田谷区"这个值的单元格有多少个。

用于指定范围的第一参数，此处指定的是单个单元格 A2。判断符合条件的单元格有多少，答案只有 1 和 0。如答案为 1，那么就说明此单元格中包含"世田谷区"；如答案为 0，就是不包含。

接下来，再用 SUM 函数统计 B 列值的总和，就能得出 A 列中所有包含"世田谷区"的单元格的数量。

用 SUM 函数在单元格 B8 中表示 B 列的总和

如何搜索包含世田谷区在内更多的区域

前文中介绍的是如何确认单元格中是否包含特定文字（"世田谷区"），直接将指定文字输入到函数中并搜索。那么如果不仅需要搜索"世田谷区"，还需要搜索包含其他区域的单元格，应该怎么做？

搜索包含世田谷区在内更多的区域

A1	▼ : × ✓ *fx*	住址				
▲	A	B	C	D	E	F
1	住址	世田谷区	中央区	中野区	北区	目黑区
2	东京都中央区明石町	0				
3	东京都世田谷区船桥					
4	东京都中野区沼袋					
5	东京都北区西之原					
6	东京都目黑区自由之丘					
7	东京都世田谷区豪德寺					
8						

如果把各个区域名称直接输入函数，那么需要重新输入 B 列到 F 列每一列中的函数。这样做非常麻烦，也很容易出错。

这时，请不要采取这种直接输入的方法，而是要采取引用单元格的方法。工作表中的行首处会显示搜索目标区域的项目名称，利用这些单元格，就能简化输入函数的操作。

在此提醒大家，引用单元格来搜索时，要输入以下公式：

=COUNTIF($A2,"*"&B$1&"*")

输入 =COUNTIF($A2,"*"&B$1&"*")

INFO	▼ : × ✓ *fx*	=COUNTIF($A2,"*"&B$1&"*")				
▲	A	B	C	D	E	F
1	住址	世田谷区	中央区	中野区	北区	目黑区
2	东京都中央区明石町	=COUNTIF($A2,"*"&B$1&"*")				
3	东京都世田谷区船桥					
4	东京都中野区沼袋					
5	东京都北区西之原					
6	东京都目黑区自由之丘					
7	东京都世田谷区豪德寺					
8						
9						

在第二参数中，连续输入单元格号码与星号容易发生错误。为了方便大家理解，下面我将去掉绝对引用的 $ 符号，告诉大家会容易出现怎样的错误。

=COUNTIF(A2,"*B1*")

这个公式的意思变成了要在单元格 A2 里，搜索是否含有"B1"这一字符串。但是原本需要搜索的是单元格中是否含有"包含'B1 单元格内容'的字符串"。为了区分指定星号标记与引用单元格，需要用 & 符号连接。

设定绝对引用时一定要注意，在单元格 B2 中输入正确的公式之后，再直接复制到单元格 F7 为止。

将输入的公式复制到单元格 F7

	B2				fx	=COUNTIF($A2,"*"&B$1&"*")	
▲	A	B	C	D	E	F	G
1	住址	世田谷区	中央区	中野区	北区	目黑区	
2	东京都中央区明石町	0	1	0	0	0	
3	东京都世田谷区船桥	1	0	0	0	0	
4	东京都中野区沼袋	0	0	1	0	0	
5	东京都北区西之原	0	0	0	1	0	
6	东京都目黑区自由之丘	0	0	0	0	1	
7	东京都世田谷区豪德寺	1	0	0	0	0	
8							
9							
10							

另外，想计算含有各区域名的单元格的数目，只要选择 B8—F8，按 Alt + = （AutoSUM 的快捷键 ）即可立刻得出结果。

选择 B8—F8，按 `Alt` + `=`

	A	B	C	D	E	F	G
1	住址	世田谷区	中央区	中野区	北区	目黑区	
2	东京都中央区明石町	0	1	0	0	0	
3	东京都世田谷区船桥	1	0	0	0	0	
4	东京都中野区沼袋	0	0	1	0	0	
5	东京都北区西之原	0	0	0	1	0	
6	东京都目黑区自由之丘	0	0	0	0	1	
7	东京都世田谷区豪德寺	1	0	0	0	0	
8		2	1	1	1	1	
9							
10							
11							

B8 ▾ ⨯ ✓ fx =SUM(B2:B7)

　　顺便一提，用 IF 函数是无法顺利处理这项工作的。单元格 A2 中如包含有"世田谷区"打○，否则打 ×，在做这项操作时，有许多人反映使用下面的公式无法得到预期的结果。

　　=IF(A2="* 世田谷区 *"," ○ "," × ")

　　这种情况下，需要在 COUNTIF 函数中嵌入判断是否包含字符串的条件。

　　=IF(COUNTIF(A2,"* 世田谷区 *")=1," ○ "," × ")

　　随后，就能在单元格 A2 中检索是否含有"世田谷区"这组字符串。

消除重复数据的方法

如何判断是否有重复

"电话征订名单中,多次出现同一家公司!"

这是某个正在开发新客户的销售部门里发生的事。这个部门负责电话征订的销售人员共有10位,他们会先制作电话征订名单,然后根据名单给客户打电话。由于每位销售人员都是通过网络等方式调查并收集目标企业信息的,所以同一个企业会出现在不同的销售人员的电话名单中。

这时,如果大家一同开始给目标企业打电话,就会导致同一家公司多次接到同一公司的销售人员的电话,最终一定会听到客户的投诉:"别再给我们打电话了!"因此,经常有人来问我如何才能避免这样的事情发生。

像这样,在管理客户名单时,应该如何检查是否存在重复的数据?

我们先来看一下简单的判断方法。比如,A列为ID信息,要想检查其中是否有重复的内容,可按照以下逻辑判定。

- 计算该ID在A列中的数目
- 如结果为1个则表示没有重复数据,如果是2个或以上则可以认定为有重复

那么,我们来看一下应该如何在Excel中处理重复数据。在

此，假设想要在 B 列中显示是否有重复数据的判定结果。

1 在单元格 B2 中输入以下公式：

=COUNTIF(A:A,A2)

这一公式用于计算在 A 列中与单元格 A2 有相同数值的单元格的数目。

若结果为 1，说明 A 列中不存在与第二个单元格 A2 有相同数值的单元格……也就是说不存在重复数值。

若结果不小于 2，说明 A 列中存在与单元格 A2 有相同数值的单元格，可以得知数据有重复。

2　复制到数据的最后一行

像这样，在一列中连续输入已经存在的数值时，需要复制的行数会增多。用鼠标将相邻列中的函数公式拖拽复制到最后一行，是一件十分麻烦的事。下面的技巧可以让你在一瞬间完成这项操作。

在单元格 B2 中输入公式后，再次选中单元格 B2，将鼠标移到被选中单元格右下角的游标上。这时，我们可以看到原本白色十字的游标变成了黑色。接下来，我们需要双击这个黑色游标。

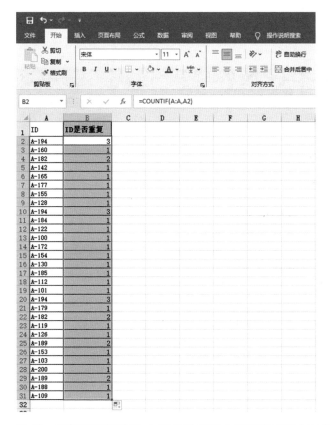

这样，我们就能够确认 A 列的单元格中是否存在重复的数据。

选中并删除重复的单元格

即使知道工作表中存在数据重复的单元格，也还有问题需要解决。一般来说，确认工作表中存在重复的数据后，需要删除重复的信息，将表格整理为没有重复数据的状态。利用先前的方法只能确认是否存在重复的数据，无法选中并删除重复的单元格。

因此，我们需要将原来的公式修改成这样：

=COUNTIF($A$2:A2,A2)

在单元格 B2 中输入 =COUNTIF($A$2:A2,A2)

在单元格 B2 中输入公式时，指定与第二参数一致的单元格
查找范围的第一参数为"$A$2:A2"，也就是单元格 A2。因此，
得出的结果自然为 1。

接下来，双击右下角游标，将这一单元格复制到最后一行，
就会出现以下画面。

将单元格 B2 复制到最后一行

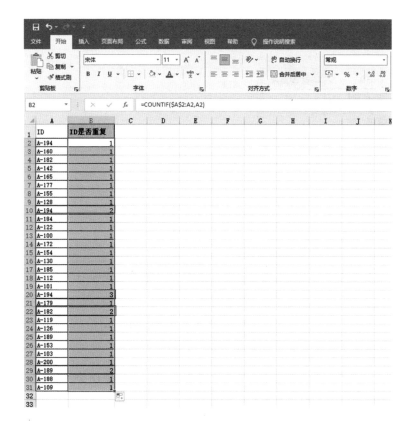

这也就是我在第 1 章里稍微提到过的自动筛选，即只抽出 B

列中值不小于 2 的单元格并删除，即可删除所有重复项。

自动筛选抽取 B 列值不小于 2 的单元格

单元格 B2 的函数中的第一参数"$A$2:A2"，指定从 A2
到 A2 作为函数的范围。冒号（:）前的内容表示只引用范围起
始点的单元格，意为绝对引用。如此一来，将这一单元格向下
拖拽复制后，单元格 B3 的范围为"$A$2:A3"，单元格 B4 为
"$A$2:A4"，以此类推。也就是说，作为指定范围起点的单元格，
即 A2 是固定的，终点的单元格却是相对引用，可以不断延续。
这样就让人觉得第一参数指定的范围在无限扩展。

在 B 列的各单元格中的函数引用的并不是位于该单元格下面
的单元格中的内容。所显示的数字表示的是"该单元格相邻的单
元格的数值，在 A 列中出现了几次"。

照此推断，就能得出"B 列中显示不小于 2 的数值表示：在 A 列中的前面的某行中已经出现过有相同值的单元格"，表示数据有重复。因此，如果将 B 列中含有不小于 2 的数据的单元格所在的行删去，A 列中就不会存在重复的数值了。

专栏

不要使用"删除重复"键

2007 之后的 Excel 版本都追加了"删除重复"功能，但我个人不推荐使用，因为在实际操作中曾发生过删除了并没有重复的数据的事例。

输入连续的数字

在 Excel 中输入 1、2、3……这样连续的数字到底有多少种方法呢？我们来逐个看一下。

使用"自动填充"功能

先介绍一下自动填充功能的使用方法。例如，在单元格 A2 中输入 1，在单元格 A3 中输入 2，然后同时选中单元格 A2 和 A3 并向下方拖拽复制，一直拖拽到最后一行。这样，该列单元格中的数字就是连续的。

同时选中单元格 A2 和 A3

向下方拖拽复制，一直到拖拽到最后一行

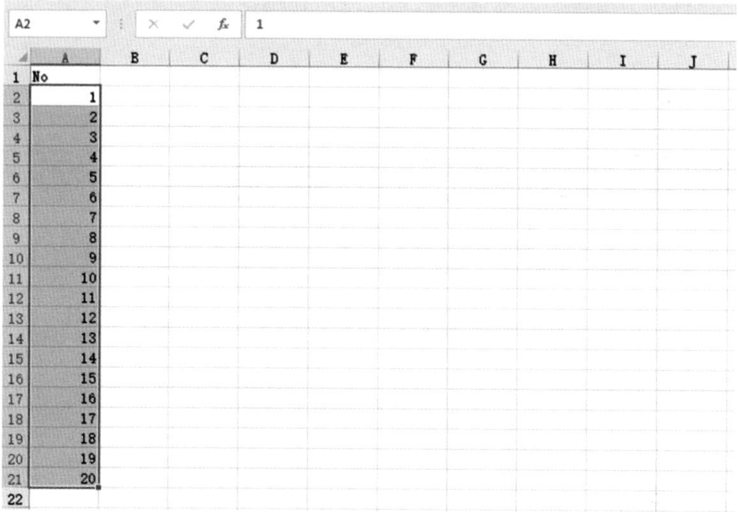

使用"制作连续数据"功能

如果是需要输入小范围的连续的数字，我们可以使用 Excel "自动填充"功能来完成。但是如果结尾的数字很大，使用这种方法就有一定的限制。例如，要连续输入 1 到 1000 的数字，使用自动填充功能的话，需要花费很长的时间。

这种要连续输到很大数字的情况下，就可以使用"制作连续数据"功能。

1 起始单元格中输入数字 1，选中此单元格

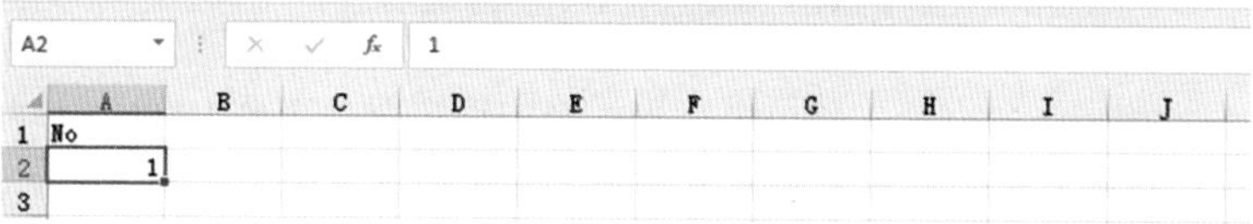

输入 1 后按回车键，则下方单元格变为选中状态。如果按 Ctrl + Enter ，则选中状态仍停留在刚输入完毕的单元格。

2 【开始】选项卡 ➡ 【填充】 ➡ 点击【序列】

3 【序列产生在】选择【列】，【终止值】输入 1000，点击确定

利用这个方法，就可以在单元格中连续输入 1 至 1000，这个方法比自动填充更简单，也更方便。

如何连贯输入连续的数字

以上 2 种方法有个前提，就是所有输入单元格的数字要为固定值，因此如果删去中间某一行或者插入一行，连续的数字就从中间断开了。要想在这种情况下也让数字保持连贯，我们可以使用 ROW 函数。无论删掉还是插入一行单元格，都可以保持数字的连贯，不需要逐个修改。

输入下列公式的单元格，会显示"该单元格位于工作表中的第几行"的数据。

【公式】

=ROW()

括号中不要输入任何内容。请记住像这样在函数括号中不输入任何参数的方法（比如 TODAY 函数、NOW 函数等）。

例如，在单元格 A2 中输入这个函数，单元格 A2 中会显示 2。由于单元格 A2 位于工作表中的第 2 行，因此以数字 2 表示这个行数。

在单元格 A2 中输入 =ROW()

如下页图所示，直接向下拖拽复制，得到从 2 开始的连续数字。

从单元格 A2 向下拖拽复制

A12		×	✓	fx	=ROW()		
	A	B	C	D	E	F	G
1	No						
2	2						
3	3						
4	4						
5	5						
6	6						
7	7						
8	8						
9	9						
10	10						
11	11						
12	12						
13							

　　各单元格显示"=ROW()"这个公式导出的数字，这个数字表示该单元格所处的行数，所以会在单元格中显示连续的号码。

　　但是通常来说，连号都是从 1 开始。因此，需要在这个 ROW 函数中做减法。例如，想从第 2 行（这里是单元格 A2）开始输入连续的数字时，请输入下列公式。

　　=ROW()-1

在单元格 A2 输入 =ROW()-1

INFO		×	✓	fx	=ROW()-1		
	A	B	C	D	E	F	G
1	No						
2	=ROW()-1						
3							
4							

按回车键，"ROW()"取得的行数 2 再减去 1，显示结果得到 1。

显示结果为 1

A2		▼	⋮	×	✓	*fx*	=ROW()-1		
▲	A	B	C	D	E	F	G		
1	No								
2	1								
3									

将此单元格向下拖拽复制，各单元格中就会出现连续的数字。

将单元格 A2 向下方拖拽复制

A2		▼	⋮	×	✓	*fx*	=ROW()-1
▲	A	B	C	D	E	F	G
1	No						
2	1						
3	2						
4	3						
5	4						
6	5						
7	6						
8	7						
9	8						
10	9						
11	10						
12	11						
13	12						
14	13						
15	14						
16	15						
17	16						
18	17						
19	18						
20	19						
21							

这里的连续数字，是各单元格中的 ROW 函数取得的该单元格此时所在的行数，因此就算中间删除或添加一行单元格，都会从 1 开始保持数字的连贯。

在工作表中沿行方向输入连续的数字

那么，如果想要在工作表中沿行方向，即向右方输入连续的数字，应该怎么做呢？这时，我们可以使用 COLUMN 函数。COLUMN 函数的意义在于，在输入如下内容的单元格中，能够得出该单元格位于工作表的左数第几列。

【公式】

=COLUMN()

例如，在单元格 B1 中输入这一函数会得到 2。

在单元格 B1 中输入 =COLUMN()

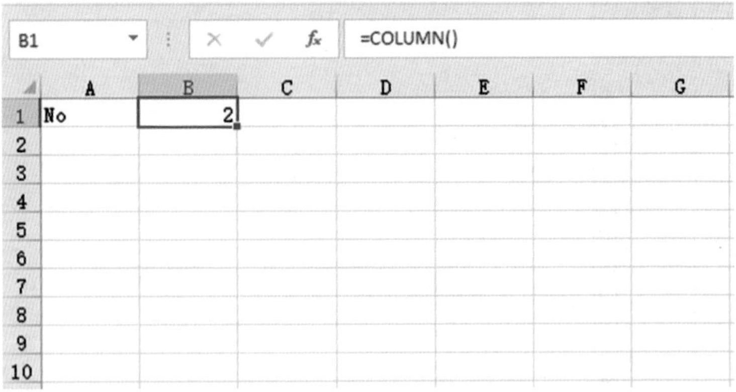

单元格 B1 位于 B 列，即工作表的左数第 2 列。因此得出数字 2。

如果继续向右拖拽复制，就会开始从 2 开始连续输入数字。

要想从 1 开始连续输入的话，与 ROW 函数同理，减去数字做相应调整就行。

1 在单元格 B1 输入下列公式后，按回车键

=COLUMN()-1

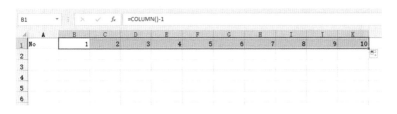

2 将单元格 B1 向右方拖拽复制，出现连续的数字

通过 ROW 函数、COLUMN 函数在工作表中输入连续的数字，可运用在以下的需求中。

● 在表格中隔行标注 2 种不同颜色

● 输入连续的阿拉伯数字

● 快速沿行方向输入大量 VLOOKUP 函数

在这之后，我会逐个具体说明。

沿行方向输入大量 VLOOKUP 函数的方法

批量修改单元格

如果遇到像下图这样，需要输入大量的 VLOOKUP 函数的情况，按照常规的方法处理需要花费大量的时间和精力。

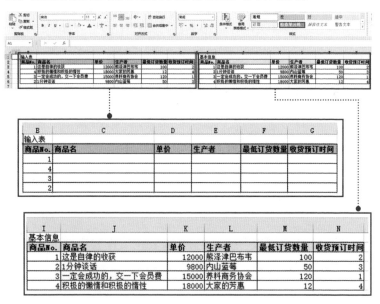

"输入表"中的各个单元格里，按照"商品 No."在"基本信息"中用 VLOOKUP 函数找出对应值。首先用常规的方法，在最开始的单元格 C3 中输入以下公式：

=VLOOKUP($B3,$I:$N,2,0)

将单元格 C3 的公式向右一直复制到 G 列，为了不改变从属单元格，需要用绝对引用来固定第一参数的检索值和第二参数的检索范围。

在单元格 C3 输入 =VLOOKUP($B3,$I:$N,2,0)

C3		× ✓ fx	=VLOOKUP($B$3,$I:$N,2,0)				
▲ A	B	C	D	E	F	G	
1	输入表						
2	商品No.	商品名	单价	生产者	最低订货数量	收货预订时间	
3	1	这是自律的收获					
4	4						
5	3						
6	2						

将它一直拖拽复制到单元格 G3，画面显示如下：

将单元格 C3 一直拖拽复制到单元格 G3

C3		× ✓ fx	=VLOOKUP($B$3,$I:$N,2,0)				
▲ A	B	C	D	E	F	G	
1	输入表						
2	商品No.	商品名	单价	生产者	最低订货数量	收货预订时间	
3	1	这是自律的收获	这是自律的	这是自律的收获	这是自律的收获	这是自律的收获	
4	4						
5	3						
6	2						
7							

所有单元格中的数据都已经变成了相同数值。这是因为从单元格 C3 到 G3，每个单元格中的函数的第三参数依旧为"2"。参考的是检索范围 I:N 列最左端开始数第 2 列的值。

因此，如果要让 C3 到 G3 中的每个单元格都显示各自所属的正确数值，就必须修改各单元中的 VLOOKUP 函数的第三参数。C3 中 VLOOKUP 函数第三参数为"2"，D3 中的则改为"3"，E3 中的改为"4"，F3 中的改为"5"，G3 中的改为"6"，这样每个单元格中的数值才是正确的。

像这样逐个修改还是很麻烦的。像前文中的例子那样，如果需要修改的单元格只有 4 个，那么不会花费很多时间。但是工作中需要输入 VLOOKUP 函数和修改第三参数的单元格有时会多达50 列。遇到这种情况，千万不要动手逐个去修改。我告诉大家一个便捷的办法，可以不用逐个修改单元格。

在粘贴的单元格中转化合适的数字

这里需要做的并不是把 VLOOKUP 函数的第三参数输入成 2或 3 这样的固定值，而是需要"输入可以在粘贴的单元格里，实时转化的合适的数字"这样的想法。

最简单的就是在表外的上方输入想要指定的第三参数的数字，然后引用这一单元格。例如，在单元格 C1 到 G1 中，分别输入 2到 6，在 C3 中输入以下公式：

=VLOOKUP($B3,$I:N,C1,0)

将这个公式一直复制粘贴到 G3，显示如下。

在单元格 C3 输入 =VLOOKUP($B3,$I:N,C1,0) 并一直复制粘贴到 G3

第三参数引用的是同一列的第 1 行的单元格。也就是说，C 列引用 2，D 列引用 3，如此自动改变数值。这样就不用在每个单元格里逐个输入 VLOOKUP 函数的第三参数了，大大减轻了工作负担。

无需在工作表外填入数据便做到连续输入 VLOOKUP 函数

在这个例子中，由于"输入表"与"基本信息"各项目的排列顺序相同，VLOOKUP 函数第三参数中指定的数字也要向右递增，显示连续的数字。在这种情况下，不用在工作表的上方输入数字，也可以完成操作。

想要沿着行的方向输入连续的数字，我们可以使用 COLUMN 函数。利用 COLUMN 函数的特性，并将之嵌套在 VLOOKUP 函数的第三参数里，就可以瞬间完成复杂的操作。

在单元格 C3 中输入以下公式：

=VLOOKUP($B3,$I:$N,COLUMN()-1,0)

一直复制粘贴到单元格 G3，显示如下。

在单元格 C3 里输入 =VLOOKUP($B3,$I:$N,COLUMN()-1,0) 并一直复制粘贴到 G3

C3		▼	:	×	✓	fx	=VLOOKUP($B3,$I:$N,COLUMN()-1,0)	
◢	A	B	C		D	E	F	G
1		输入表						
2		商品No.	商品名		单价	生产者	最低订货数量	收货预订时间
3		1	这是自律的收获		12000	熊泽津巴布韦	100	2
4		4						
5		3						

第三参数"COLUMN()-1"在 C 列中为 2，在 D 列中为 3。COLUMN 函数所导出的，是含有"COLUMN()"的单元格位于工作表中第几列的数字。

在单元格 C3 中输入的 VLOOKUP 函数，其第三参数指定数字为 2。由于 C3 的"COLUMN()"为 3，在此基础上减去 1 后，则调整为 2。同理，D 列到 G 列中"COLUMN()"获得的数字减去 1 就是 VLOOKUP 函数的第三参数，这样就能顺利地计算出正确的项目数值。

如何用 VLOOKUP 函数
应对检索范围中竖列顺序的变动状况

输入表与基本信息的项目顺序不同时

在刚才的例子中，为了让"输入表"与"基本信息"的项目排列顺序保持一致，第三参数按顺序输入 2、3、4……这样连续的序号。因此，VLOOKUP 函数第三参数引用嵌入了 COLUMN 函数，这样做会提高效率。

但是，如果像下面这样，"输入表"与"基本信息"的项目顺序不同该怎么办？也就是说第三参数不是连续数字的话，各单元格中的 VLOOKUP 函数即便运用了 COLUMN 函数，也无法得出正确的第三参数。

输入表与基本信息的项目顺序不同时

此例中，D 列的"单价"对应"基本信息"最左端往右数第6 列，E 列的"生产者"对应"基本信息"最左端往右数第 5 列。在这样的前提下，如果想要在单元格 C3 中输入最开始的那个函数公式，之后只要复制到 G 列就可以得出结果的话，我们应该怎么做呢？

在 C 列商品名的单元格输入的 VLOOKUP 函数中第三参数应该是什么数字呢？答案是 2。那么，我们只要输入能自动导出数字 2 的第三参数就可以了。这时候，我们就要用到 MATCH 函数。

下面通过具体例子解释一下。

A2		× ✓ fx	=MATCH(A1,$F$1:$I$1,0)						
▲	A	B	C	D	E	F	G	H	I
1	商品名	单价	生产者	最低订货数量		最低订货数量	商品名	生产者	单价
2		2	4	3	1				
3									
4									
5									

上面的例子中，A1 到 D1 项目名称分别为"商品名""单价""生产者""最低订货数量"，这些项目在 F1 到 I1 的范围中位于左数第几列，会相应地显示在 A2 到 D2 中。以单元格 A2 为例，"A1（即商品名）的值，在 F1:I1 范围里位于左数第 2 个"，那么 A2 中就会显示数字 2。

在单元格 A2 做出这种处理的是下面的函数公式：

=MATCH(A1,$F$1:$I$1,0)

MATCH 函数中第一参数指定的值，会导出其在第二参数指定范围中位于第几位的数字。第三参数基本上"只要输入 0 就行了"。

在图中，将单元格 A2 的公式一直复制粘贴到 D2。因为第一参数不做绝对引用，单元格 B2 里被复制粘贴的公式中的第一参数为 B1，单元格 C2 里被复制粘贴的公式的第一参数为 C1，D2 中则是 D1。

第二参数限定了纵列或横行的范围。

▲指定纵列的范围

第一参数指定的值为在此范围内的上数第几行。

▲指定横行的范围

第一参数指定的值为在此范围内左数第几列。

单元格范围限定为 F1:I1，则呈现如下状态：

- 单元格 A1 即"商品名"，位于左数第 2 个
- 单元格 B1 即"单价"，位于左数第 4 个
- 单元格 C1 即"生产者"，位于左数第 3 个
- 单元格 D1 即"最低订货数量"，位于左数第 1 个

能够在单元格中显示数字 2、4、3、1，是因为 MATCH 函数的处理。

在 VLOOKUP 函数的第三参数中加入 MATCH 函数，即使"输入表"与"基本信息"的项目的排列顺序不同，也能够通过 MATCH 函数取得"'输入表'的各项目名在'基本信息'中位于第几列"的数字，把这样的结构嵌入 VLOOKUP 函数第三参数中就能够解决顺序不同的问题。在输入表的单元格 C3，请输入以下公式：

=VLOOKUP($B3,$I:$N,MATCH(C$2,$I$2:$N$2,0),0)

然后复制到整个表格，画面则显示如下：

在单元格 C3 中输入 =VLOOKUP($B3,$I:$N,MATCH(C$2,I
2:$N$2,0),0) 并复制粘贴至全表

分析 MATCH 函数的处理

上述的公式乍一看可能很复杂，接下来我们来仔细分析一下。关键在于理解嵌入 VLOOKUP 函数第三参数的 MATCH 函数是如何发挥作用的。

MATCH(C$2,$I$2:$N$2,0)

这个公式得出的数字指向的是，第一参数指定的单元格 C2 的值（即"商品名"）位于第二参数指定范围（$I$2:$N$2）的左数第几个。在这一例子中为数字 2，它与单元格 C3 中以 B3 的值（数字 1）为检索值的 VLOOKUP 函数里，检索范围 I:N 从左数第几列的对应数字是一致的。

将单元格 C3 的内容一直复制粘贴到 G6，为了不让引用项移位，需要设定绝对引用。

在有多个相同检索值的工作表中使用 VLOOKUP 函数的技巧

VLOOKUP 函数会以最初 达成一致的检索值单元格作为对象

在 A 列中重复输入了同一家客户公司的名称，B 列中则为相应的负责人的名字。

如果以 A 列和 B 列中的数据为基础，想要在 E 列中按顺序输入相应的负责人，这时使用 VLOOKUP 函数可能会无法得到想要的结果。我们来实际操作一下。

1 在单元格 E2 中输入以下公式：

=VLOOKUP(D2,A:B,2,0)

INFO	▾	:	×	✓	fx	=VLOOKUP(D2,A:B,2,0)			
▲	A	B	C	D	E	F	G	H	
1	客户公司名称	负责人		客户公司名称	负责人				
2	ABC股份有限公司	铃木		ABC股份有限公司	=VLOOKUP(D2,A:B,2,0)				
3	ABC股份有限公司	田中		ABC股份有限公司					
4	ABC股份有限公司	加藤		ABC股份有限公司					
5	棒棒棒股份有限公司	吉田		棒棒棒股份有限公司					
6	棒棒棒股份有限公司	山冈		棒棒棒股份有限公司					
7	棒棒棒股份有限公司	佐藤		棒棒棒股份有限公司					
8									

2 将单元格 E2 中的公式一直复制粘贴到第 7 行

E2	▾	:	×	✓	fx	=VLOOKUP(D2,A:B,2,0)			
▲	A	B	C	D	E	F	G	H	
1	客户公司名称	负责人		客户公司名称	负责人				
2	ABC股份有限公司	铃木		ABC股份有限公司	铃木				
3	ABC股份有限公司	田中		ABC股份有限公司	铃木				
4	ABC股份有限公司	加藤		ABC股份有限公司	铃木				
5	棒棒棒股份有限公司	吉田		棒棒棒股份有限公司	吉田				
6	棒棒棒股份有限公司	山冈		棒棒棒股份有限公司	吉田				
7	棒棒棒股份有限公司	佐藤		棒棒棒股份有限公司	吉田				
8									

E 列中相同的公司对应同一名负责人。例如，ABC 股份有限公司，原本是按"铃木、田中、加藤"这样的顺序排列，而现在全部变为了"铃木"。

像这样检索值存在重复的情况，VLOOKUP 函数会以从上数、与起始处一致的检索值的单元格为对象来处理数据。单元格 E2、E3、E4 也同样如此，都以"ABC 股份有限公司"为检索值，在作为检索范围的 A 列中以最初的单元格 A2 为对象运行 VLOOKUP 函数，所以会返回"铃木"这个值。

无重复状态下应加工后再处理

为了解决这个问题，我们可以把有重复数据的 A 列和 D 列中的数据"加工"成唯一的状态，也就是该列下无重复的状态。这里，我们需要重新追加操作用的数据列，再处理。

这个方法的原理是，给重复的客户公司名称标上不同的固定编号。

首先，在各个表的左侧分别追加 2 列，供操作用。

表格左侧分别追加 2 列，供操作用

A1				f_x	No.				
	A	B	C	D	E	F	G	H	I
1	No.	KEY	客户公司名称	负责人		No	KEY	客户公司名称	负责人
2			ABC股份有限公司	铃木				ABC股份有限公司	
3			ABC股份有限公司	田中				ABC股份有限公司	
4			ABC股份有限公司	加藤				ABC股份有限公司	
5			棒棒棒股份有限公司	吉田				棒棒棒股份有限公司	
6			棒棒棒股份有限公司	山冈				棒棒棒股份有限公司	
7			棒棒棒股份有限公司	佐藤				棒棒棒股份有限公司	
8									

按照以下步骤，给相同客户公司名称的每个数据分别标上编号。每个公式引用的哪个单元格，进行了怎样的处理，我们一边看一边分析。

1 在单元格 A2 输入以下公式，一直复制粘贴到第 7 行

=COUNTIF($C$2:C2,C2)

※ 给 C 列的客户公司名称标上数字

A2				f_x	=COUNTIF($C$2:C2,C2)				
	A	B	C	D	E	F	G	H	I
1	No	KEY	客户公司名称	负责人		No	KEY	客户公司名称	负责人
2	1		ABC股份有限公司	铃木				ABC股份有限公司	
3	2		ABC股份有限公司	田中				ABC股份有限公司	
4	3		ABC股份有限公司	加藤				ABC股份有限公司	
5	1		棒棒棒股份有限公司	吉田				棒棒棒股份有限公司	
6	2		棒棒棒股份有限公司	山冈				棒棒棒股份有限公司	
7	3		棒棒棒股份有限公司	佐藤				棒棒棒股份有限公司	
8									

2 同样地，在单元格 F2 输入下列公式，一直复制粘贴到第 7 行

=COUNTIF($H$2:H2,H2)

※ 为 H 列的客户公司名称标上数字

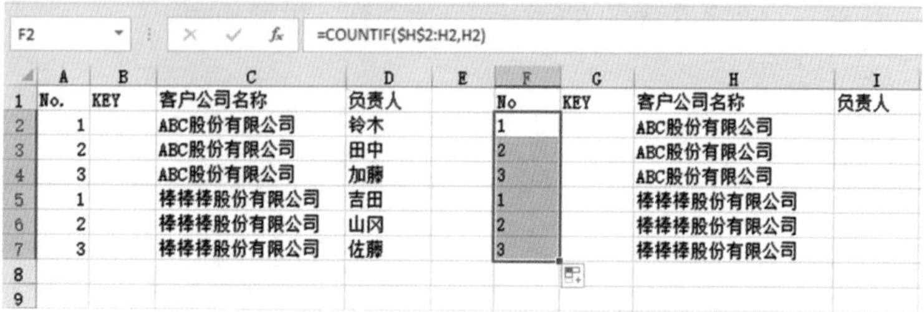

3 在单元格 B2 中输入以下结合了固定编号和客户公司名称的公式，一直复制粘贴到第 7 行

=A2&C2

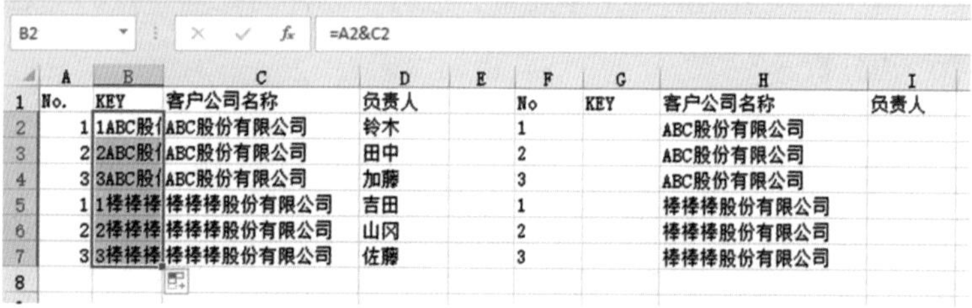

4 同样地，在单元格 G2 输入下列公式，一直复制粘贴到第 7 行

=F2&H2

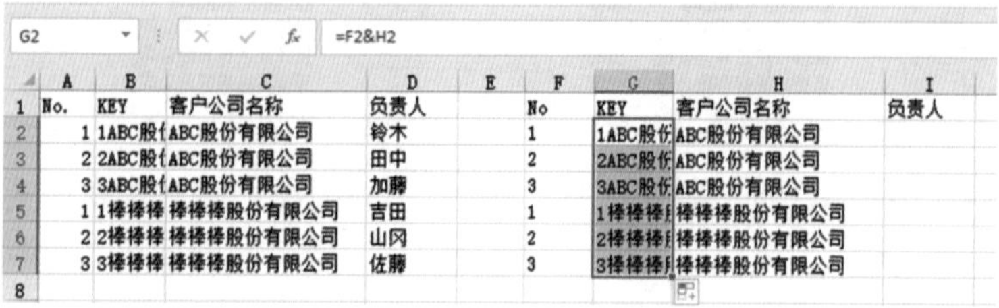

做完以上步骤，在 I 列输入下列 VLOOKUP 函数后，目标单元格中就会自动显示相应的负责人了。

=VLOOKUP(G2,B:D,3,0)

显示个别对应的负责人名称

	A	B	C	D	E	F	G	H	I
1	No.	KEY	客户公司名称	负责人		No	KEY	客户公司名称	负责人
2	1	1ABC股fABC股份有限公司		铃木		1	1ABC股份ABC股份有限公司		铃木
3	2	2ABC股fABC股份有限公司		田中		2	2ABC股份ABC股份有限公司		田中
4	3	3ABC股fABC股份有限公司		加藤		3	3ABC股份ABC股份有限公司		加藤
5	1	1棒棒棒棒 棒棒棒股份有限公司		吉田		1	1棒棒棒棒棒棒棒股份有限公司		吉田
6	2	2棒棒棒棒 棒棒棒股份有限公司		山冈		2	2棒棒棒棒棒棒棒股份有限公司		山冈
7	3	3棒棒棒棒 棒棒棒股份有限公司		佐藤		3	3棒棒棒棒棒棒棒股份有限公司		佐藤
8									
9									

这个方法是用 COUNTIF 函数给每个数据设定编号（出现次数），通过编号与检索值得到新的固定检索值，并将其嵌入 VLOOKUP 函数中，由此得出正确结果。

是否能用 VLOOKUP 函数
获得检索列左侧的数值

VLOOKUP 函数下，无法取得检索列左侧的数值

VLOOKUP 函数可以说是 Excel 中最重要的函数，这里让我们再来看看其具体的公式和功能。

【公式】

=VLOOKUP(检索值 , 检索范围 , 列数 ,0)

【功能】

在检索范围最左一列中查找与检索值相同的单元格，然后在该单元格中返回第三参数指定的列中的某个单元格的值。

"从检索范围的最左边的列返回到第三参数指定的列中的某个单元格的值"，也就是"返回位于该列右侧的值"。

那么，问题就来了。

"难道无法直接用这一列左侧的数值吗？"

或许很多人会认为："给第三参数做减法导出数值就可以了吧?"但答案是："不可以。"

那么，要想获得位于检索列左侧的列中的数值，应该怎么办?

什么是 OFFSET 函数

组合使用 OFFSET 函数与 MATCH 函数可以解决前文中的问题。OFFSET 函数的本质是"确定作为基准的单元格，通过上下左右偏移得到对新的区域的引用"。

【公式】

=OFFSET(基准单元格 , 偏移行数 , 偏移列数)

【功能】

以基准单元格为起始，返回按偏移行数、偏移列数偏移的单元格的值。

偏移行数，正数表示向下，负数表示向上。

偏移列数，正数表示向右，负数表示向左。

首先，举个非常简单的例子。

1 在 Excel 工作表的单元格 C3 中输入"100"

2 将下列公式输入任意一个单元格

=OFFSET(A1,2,2)

输入有上述公式的单元格，将返回"100"。

作为基准单元格的 A1，向下 2 行、向右 2 列的目标单元格是 C3（值为 100）。所以输有此公式的单元格所返回的值就是 100。

将 OFFSET 函数与 MATCH 函数组合

运用这个公式，想办法引用检索列左侧的单元格。

从下列表格我们可以看到，按照单元格 E2 的数字，在 F2、G2 的"课程"和"单价"下会分别对应返回数据。首先，在 E2 里输入 1。

	A	B	C	D	E	F	G	H
	单价	商品No.	课程		商品No.	课程	单价	
1	500	1	A					
2	700	2	B					
3	1200	3	C					
4	1500	4	D					
5	20000	5	E					

首先，F2 的"课程"十分简单，通常使用 VLOOKUP 函数就能处理。

=VLOOKUP(E2,B:C,2,0)

在单元格 F2 中输入 =VLOOKUP(E2,B:C,2,0) 后取得"课程"数据

	A	B	C	D	E	F	G	H
	单价	商品No.	课程		商品No.	课程	单价	
1	500	1	A		1	A		
2	700	2	B					
3	1200	3	C					
4	1500	4	D					
5	20000	5	E					

但是，单元格 G2 的"单价"数据位于检索列（B 列）的左侧，这样用 VLOOKUP 函数就无法处理了。

这时候，我们可以组合使用 MATCH 函数和 OFFSET 函数。为了导出 E2 中"商品 No."所对应的单价数据，G2 中要输入以下公式：

=OFFSET(B1,MATCH(E2,B:B,0)-1,-1)

在单元格 G2 中输入 =OFFSET(B1,MATCH(E2,B:B,0)-1,-1)

G2		▼	:	× ✓	fx	=OFFSET(B1,MATCH(E2,B:B,0)-1,-1)			
	A	B	C	D	E	F	G	H	I	J
1	单价	商品No.	课程		商品No.	课程	单价			
2	500	1	A		1	A	500			
3	700	2	B							
4	1200	3	C							
5	1500	4	D							
6	20000	5	E							

以单元格 B1 为基准，作为第二参数的结果的数字向下、再向左移动 1 格的目标单元格数值将会出现在 G2 中。

第二参数中的 MATCH 函数，会查找单元格 E2 的值位于 B 列的上数第几行。单元格 E2 的值为 1，B 列内容为 1 的单元格位于第 2 行，因此 MATCH 函数导出结果为"2"。在这个例子中，以单元格 B1 为基准的 MATCH 函数直接嵌入 OFFSET 函数，由于 B1 向下偏移数为 2，产生了 1 格的误差，所以需要做出调整，在此基础上减去 1。

在 OFFSET 函数中，可以将第二参数的移动行数、第三参数的移动列数指定为负数值。也就是说，可以引用位于基准单元格的上方、左侧的单元格。利用这一特性，可以解决 VLOOKUP 函数无法引用位于检索列左侧单元格的缺陷。

不显示错误值的技巧

逐次修正错误会导致效率低下

在输入订单的明细栏、单价等数据时，只要输入"商品 No."就可以同时显示商品名和单价。如果预先可以设置这样的机制，就能快速推进工作了。同时，还能避免手动输入造成的错误。我们在 B 列中输入只要在 A 列中输入'商品 No.'，就能显示相应的商品名称的 VLOOKUP 函数。

1 在单元格 B2 中输入以下 VLOOKUP 函数：

=VLOOKUP($A2,$E:$G,2,0)

	A	B	C	D	E	F	G
1	商品No.	商品名	单价		★基本信息		
2		=VLOOKUP($A2,$E:$G,2,0)			商品No.	商品名	单价
3					1	Excel工作100终极提升讲座	50000
4					2	Excel VBA研讨会初级	50000
5					3	Excel VBA研讨会中高级	100000
6					4	Excel快捷键讲座	5000
7					5	Excel图表制作提升讲座	5000
8							
9							

2 按回车键确定，并将公式一直复制粘贴到最后一行

	A	B	C	D	E	F	G
1	商品No.	商品名	单价		★基本信息		
2		#N/A			商品No.	商品名	单价
3		#N/A			1	Excel工作100终极提升讲座	50000
4		#N/A			2	Excel VBA研讨会初级	50000
5		#N/A			3	Excel VBA研讨会中高级	100000
6		#N/A			4	Excel快捷键讲座	5000
7		#N/A			5	Excel图表制作提升讲座	5000
8		#N/A					
9							

如图所示，单元格中会出现"#N/A"这样的错误值。这是由于函数公式中存在错误所造成的。若是在单元格 A2 中输入 1，就会从"基本信息"栏中导出对应的商品名称。

在单元格 A2 中输入 1，显示商品名

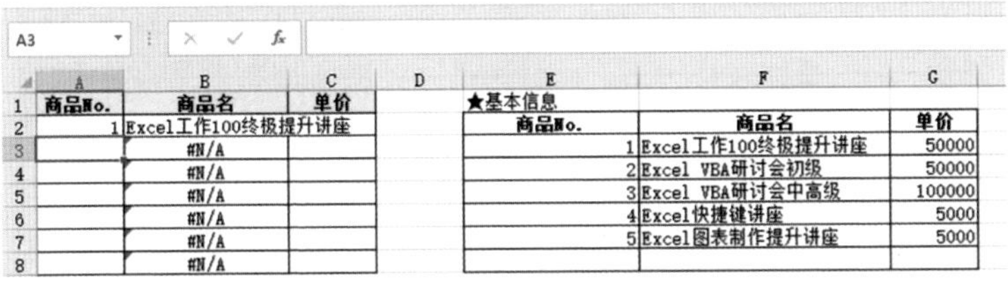

总而言之，由于插入的是以"商品 No."为检索值的函数，如果 A 列中皆为空白单元格，自然就会出现错误。

如果是仅在公司内部使用的工作表，这样也没什么问题。但是，如果是制作报价单或订单的话，要尽可能避免这种错误值的出现。但是，只是单纯删去单元格中的函数，再次使用时还是需要重新输入公式，这样效率低下。

如结果有误，则返回空白值

上述问题，可以运用处理"计算结果有误的话，返回空白值"的函数公式来解决。这时，我们会用到 IFERROR 函数（Excel 2007 之后的版本中具备的函数）。

通常都是先输入基本公式后，才发现有可能会有错误，再进行隐藏错误的处理。因此，输入公式时就要嵌入先前提到的 VLOOKUP 函数。最终，单元格 B2 中要输入以下公式：

=IFERROR(VLOOKUP($A2,$E:$G,2,0),"")

1 选择单元格 B2，按 F2 键，使单元格处于可编辑状态

2 在等号（＝）之后输入"i"后出现候选菜单，选择第 2 个，"IFERROR"

3 按 TAB 键确定后，补充输入 =IFERROR(

4 完成公式后按回车键确定，并将公式一直复制粘贴到最后一行，就可以隐藏错误值

	B2	▼		× ✓ fx	=IFERROR(VLOOKUP($A2,$E:$G,2,0),"")	

	A	B	C	D	E	F	G
1	商品No.	商品名	单价		★基本信息		
2					商品No.	商品名	单价
3					1	Excel工作100终极提升讲座	50000
4					2	Excel VBA研讨会初级	50000
5					3	Excel VBA研讨会中高级	100000
6					4	Excel快捷键讲座	5000
7					5	Excel图表制作提升讲座	5000
8							
9							

5 在 A 列中输入"商品 No."，会自动显示商品名的数据

	B2	▼		× ✓ fx	=IFERROR(VLOOKUP($A2,$E:$G,2,0),"")	

	A	B	C	D	E	F	G
1	商品No.	商品名	单价		★基本信息		
2	3	Excel VBA研讨会中高级			商品No.	商品名	单价
3					1	Excel工作100终极提升讲座	50000
4					2	Excel VBA研讨会初级	50000
5					3	Excel VBA研讨会中高级	100000
6					4	Excel快捷键讲座	5000
7					5	Excel图表制作提升讲座	5000
8							

IFERROR 函数第二参数中，连续输入了 2 个引号 ""，这是指定空白值的意思。

把 B 列的公式复制到 C 列，再将其中 VLOOKUP 函数第三参数改为 3。

IFERROR 函数的特点在于，第一参数指定的函数计算结果为错误值时，就会返回第二参数指定的值。在这个例子中，第二参数指定的是空白值，因此也就设定了"第一参数的 VLOOKUP 函数计算结果若为错误值，显示为空白结果"这样的机制。

若使用 Excel 2003 之前的版本，应该怎么做

只有在 Excel 2007 之后的版本才可以使用 IFERROR 函数隐藏错误值。如果你使用的是 Excel 2003 之前的版本，可以使用下面的公式：

=IF(ISERROR(公式),"", 公式)

ISERROR 函数可以检查括号内指定的公式是否为错误值。如果是则为"真"，否则返回"伪"值。以此为基础来解读 IF 函数，便可知其处理过程是这样的：第一参数的逻辑式若为真，也就是说 ISERROR 函数结果为真，则返回第二参数的空白值，否则将继续处理公式。

用 SUMIF 函数统计多个条件的方法

追加带有统计条件的"工作列"

SUMIF 函数和 COUNTIF 函数，都是用于计算符合条件的单元格的总和，以及单元格个数的函数。如果想使用这两种函数计算出 2 个或更多条件的统计结果的话，需要稍微动一下脑筋。

比如下表，在单元格 H4 中为 A 列负责人"冰室"、B 列商品代码为"A001"这 2 个条件下，在 D 列中显示的销售额数值。

SUMIF 函数第一参数只能指定 1 列。但在此表原始数据中，无法在 1 列中同时判定负责人和商品代码这 2 个条件。A 列只能判定负责人，B 列只能判定商品代码。

这时候，就需要"在原始数据中追加作为新的统计条件的数据列"。这样的做法，通常被称为追加"工作列"或"计算单元格"。

我们来尝试添加结合负责人姓名和商品代码的数据列。具体操作如下。

1 在单元格 E4 输入下列公式，并一直复制粘贴到数据最后一行

=A4&B4

	A	B	C	D	E	F	G	H	I	J	K	L	M
E4				fx	=A4&B4								
1	元数据						合计表						
3	负责人	商品代码	数量	销售额				A001	A002	B001	B002	C001	C002
4	冰室	A002	7	9800	冰室A002		冰室						
5	远藤	A002	6	8400	远藤A002		远藤						
6	熊泽	C002	6	120	熊泽C002		熊泽						
7	内山	B001	5	13000	内山B001		内山						
8	内山	A001	11	22000	内山A001		松本						
9	冰室	A002	8	11200	冰室A002								
10	远藤	A002	18	25200	远藤A002								
11	熊泽	C002	20	400	熊泽C002								
12	内山	A002	17	23800	内山A002								
13	内山	C001	9	27000	内山C001								
14	冰室	C002	14	280	冰室C002								
15	远藤	B002	16	3200	远藤B002								
16	远藤	C001	16	48000	远藤C001								
17	内山	A002	8	11200	内山A002								
18	松本	C001	6	18000	松本C001								
19	冰室	B002	20	4000	冰室B002								
20	冰室	C001	13	39000	冰室C001								
21	熊泽	C001	20	60000	熊泽C001								
22	内山	C001	13	39000	内山C001								
23	内山	B001	15	39000	内山B001								
24	冰室	A002	10	14000	冰室A002								
25	远藤	B001	16	41600	远藤B001								
26	熊泽	C001	9	27000	熊泽C001								
27	熊泽	C002	20	400	熊泽C002								
28	熊泽	B002	5	1000	熊泽B002								
29	冰室	A002	15	21000	冰室A002								
30	远藤	C001	5	15000	远藤C001								
31	熊泽	B001	5	13000	熊泽B001								
32	熊泽	B002	15	3000	熊泽B002								
33	松本	C002	12	240	松本C002								
34													
35													
36													
37													

2 在单元格 H4 输入下列公式：

=SUMIF($E:$E,$G4&H$3,$D:$D)

3 将单元格 H4 中的公式复制至全表

在这里，设置绝对引用也十分重要。利用指定 SUMIF 函数的参数指定各个单元格时，按几次 F4 键就会像上面这样出现符号 "$"。

然后，将最开始在 H4 中输入的公式一直向右复制至 M 列，向下复制至第 8 行。这里，为使引用单元格不偏离正确的列和行，设定了绝对引用。

要重视简单易懂

在 2007 版本之后的 Excel 中，追加了复数条件下也能统计数据总和的 SUMIFS 函数和 COUNTIFS 函数。甚至像前文中的例子一样，不需要追加工作列也可以求和。但是，如果统计条件增多，参数的指定就会变得复杂，因此，需要追加工作列，分成几个步骤来处理。

另外，数组公式和 SUMPRODUCT 函数也可以用同样的方式处理，但就从简单易懂这点上来看，我还是推荐大家采用追加工作列这种方法来处理。

第 5 章

E

Excel 中的日期与时间设置

输入日期的基础操作

Excel 中的日期为公历

"在员工名单中输入了利用员工生日计算出年龄的函数，但是结果居然是 0。"

如果没有完全掌握在 Excel 中处理日期的基本方法，就会发生这样的事情。在本章中，我将告诉大家在 Excel 中输入日期的方法，以及时间数据的特性。

首先来看一下关于输入日期的基本事项。有一项非常重要的原则是"必须按照公历格式输入日期"。例如，想要输入 2019 年 4 月 1 日，在半角模式下，按以下格式输入公历年、月、日，并用"/"隔开。

2019/4/1

此时，如果省略公历年份直接输入"4/1"，则显示如下。

省略公历年份，输入 4/1

　　单元格内显示的是"4 月 1 日",未显示公历年,但在算式栏中显示为"2019/4/1"。也就是说,不输入公历年,仅以"月日"格式输入的情况下,日期将自动变为输入当时的公历年,即"今年"的日期。如果想要输入不是今年的日期,却不输入具体的年份,则会导致单元格不显示公历年份,让人很难注意到有错误。

　　Excel 虽然有可以从出生日期计算年龄的函数,但实际输入的过程中不小心漏掉公历年份的话,所有的数据都会自动变成"今年"的。因此,无论你是否要输入今年的日期,一定要将年、月、日全部输入到单元格中,并用斜线(/)隔开。这样虽然有点麻烦,但一定要记住,这是最基本的操作。

专栏

如何快速输入今天的日期与现在的时间

　　想要快速地输入今天的日期,使用快捷键 **Ctrl** + **;** 最方便。按下快捷键,在活动单元格中会自动显示今天的日期。

　　顺便一提,按 **Ctrl** + **:** 可以输入现在的时间。也许有人会问:"谁会使用这个啊?"工作中用 Excel 做会议记录时,有时会需要记录发言的时间。这时,就会用到这个技巧。

日期、时间实际为序列值

Excel 中的日期数据几乎都是以 "2020/1/1" 的形式显示在单元格中的。而日期数据的实质其实是 "序列值"。

例如，在单元格 A1 中输入 2020/1/1，在设置单元格格式的选项中可以将 A1 的显示形式变更为 "数值"，就会出现 43831。这就是序列值。

这种序列值，按照 "以 1900 年 1 月 1 日为第 1 天" 的算法，算出单元格中的日期为第几天。那么，2020 年 1 月 1 日从 1900 年 1 月 1 日算起正好是第 43831 天，所以 "2020/1/1" 的序列值即为 43831。

"单元格输入 1，出现了 '1900/1/1'。这什么意思啊?"

我经常听到这样的疑问。这是目标单元格的表现形式变成了日期的缘故。这时候，如果将单元格的格式改回 "数值" 或 "常规"，就会正常地显示数字 "1" 了。

实际处理日期数据时，一般不需要在意序列值。明明输入的是日期却出现 "42907" 这种数字，如果发生这种状况，我们需要知道这是代表日期的 "序列值"，其原因是单元格的格式为 "日期" 而不是 "数值" 或 "常规"，这样我们就可以做相应的处理了。

在看 Excel 函数的相关解说时，若是看到 "做成序列值" "将参数指定为序列值" 这种说法，要意识到 "序列值 = 日期"。Excel 在处理关于日期的数据时，比如计算天数、年龄，以及从日期数值中得出星期几的函数，就是利用这种序列值处理的。

例如，用 Excel 计算从 2020 年 3 月 28 日到 2020 年 4 月 3 日为止一共有多少天。我们可以在单元格 A2 输入"2020/3/28"，单元格 B2 输入"2020/4/3"，为了得出这两个日期之间的天数，在单元格 C2 输入下列公式。

=B2-A2

这样，从 B2 的日期减去 A2 日期得到的结果"6"会显示在单元格 C2 中。

单元格 B2 的日期数据"2020/4/3"，对应的序列值为 43924。

单元格 A2 的日期数据"2020/3/28"，对应的序列值为 43918。

用 B2 的序列值减去 A2 的序列值，即"43924-43918"，就可以得出"6"这个答案。

经常能够遇到的情况则是像 A2 为"20200328"、B2 为"20200403"这样的形式。虽然在 Excel 中也会被当成数据来处理，但如果直接将这两个数据看作日期并做减法，想要计算出这中间的天数，是无法得出正确结果的。

这两个数据说到底只是代表"20200328"这样的数字，并不是指"2020 年 3 月 28 日"这样的日期。因此，输入有"=B2-A2"的单元格，显然是将上述两个 8 位数做减法，会得出"75"这个结果。这时，我们应该把代表日期的序列值改为日期形式再进行计算。（参考第 152 页）

处理时间数据

时间数据的序列值为小数

接下来我们来看一下如何处理具体时间。一般输入时间数据时，需要用":"隔开时、分、秒，如下：

13:00:00

在记录田径竞技成绩时一般需要精确到秒，而在管理工作时间等事务时不必精确到秒，只用":"区隔小时和分即可。

时间的数据也可以转换成序列值。日期的序列值为整数，而时间的序列值则为 0~1 之间的小数。

日期的序列值，以 1900 年 1 月 1 日为起始（即 1），每加上 1 就代表第二天的日期（Excel 能够处理的最后日期为 9999 年 12 月 31 日，其序列值为 2958465）。另一方面，时间的序列值，以上午 0 时 0 分 0 秒为起始（即 0），每多 1 秒就会加上"1/86400"。因为，一天是 24（时）× 60（分）× 60（秒）= 86400（秒），所以第二天上午 0 时 0 分 0 秒的序列值为 1。

【例】

• 上午 6:00 的序列值：0.25

• 中午 12:00 的序列值：0.5

• 下午 6:00 的序列值：0.75

虽然，在实际操作中我们没有必要记住这些序列值，但是与日期相同，如果单元格的格式被设置为常规，就会出现不明所以的小数。这时候，我们要知道这是"时间的序列值"，并且将单元格的格式更正为"时间"。

容易出现误差的地方

计算机在处理小数点以后的数值的计算时肯定会出错，我们一定要牢记这一点。Excel 在计算含有小数的数值时，无法得出正确答案。计算机的数据是以二进制表示的，如果公式中存在无法识别的小数数值，在计算时就会出现误差。在用 Excel 计算序列值为小数数值的时间数据时，也同样会发生这一问题。

例如，将 B 列的开始时间与 C 列的结束时间做减法，在 D 列中显示经过的时间。A 和 B 的经过时间在目标单元格中皆显示为 1:01，但比较这两个单元格，却判断为不同值（单元格 D4）。

明明经过了相同的时间，却被判定为不同值

D4		⋮	×	✓	ƒx	=D3=D2		
	A	B	C	D	E	F	G
1		开始时间	结束时间	经过时间			
2	A	8:25	9:26	1:01			
3	B	10:25	11:26	1:01			
4				FALSE			

之所以会出现这种情况，是由于各时间数据中实际上包含了以秒为单位的数值。如果不知道一些简便的处理方法，进行相关处理就会变得非常麻烦。

如何输入正确的时间

如果要详细解说应该如何处理时间数据，反而会阻碍大家的理解……真要详细地讲，那么这样的解说将会变成读起来都会觉得很厌烦的长篇大论。所以，在这里我只给大家介绍解决对策。

首先，我们来了解一下 TIME 函数。它是处理时间数据的函数，能够指定时、分、秒。比如要制作"9:30:00"这样的时间数据，我们可以输入下面的公式：

=TIME(9,30,0)

反过来，单元格 A1 中含有时间数据（如"9:00"）时，想要从此单元格中分析出时、分、秒的数值的话，就要用到 HOUR 函数、MINUTE 函数和 SECOND 函数。分别可通过以下公式导出相应的数值。

- =HOUR(A1)：导出单元格 A1 中时间数据的小时数
- =MINUTE(A1)：导出单元格 A1 中时间数据的分钟数
- =SECOND(A1)：导出单元格 A1 中时间数据的秒数

在处理任何时间数据时都可以用下面的函数公式，这样能够导出绝对没有误差的时间数据（假定单元格 A1 中含有时间数据）。

=HOUR(A1)*60+MINUTE(A1)

这样一来，如果单元格 A1 中是"8:25"，则会自动返回"505"这个数值。这个数字表示的是从"上午 0:00"到"上午 8:25"经过的分钟数，正好是 505 分钟。像这样，将时间数据转换为不含小数点的整数，就能在计算时避免出现误差。

上述出现误差的案例，可通过以下方式解决。

出现误差的时候，中途增加处理步骤

	A	B	C	D	E	F	G
1		开始时间	结束时间	经过时间	开始时刻转换	结束时刻转换	经过时间（分钟）
2	A	8:25	9:26	1:01	505	566	61
3	B	10:25	11:26	1:01	625	686	61
4				FALSE			TRUE
5							

E2 单元格公式：=HOUR(B2)*60+MINUTE(B2)

在 E 列与 F 列中，输入前文中提到的相应函数，将开始时间与结束时间转换为分别距离上午 0:00 的分钟数。

将 E 列到 G 列的单元格的格式改为"数值"。将这些转换后的数值相减，就会得到 G 列上的经过时间的分钟数，由于结果是不含小数点的整数，就不会产生误差。在单元格 G4 中输入的是这两项经过时间的分钟数是否为相同值的判定逻辑式（=G3=G2）。结果为 TRUE，就是说判定为经过时间相同。

快速设置日期与时间

避免数据变为日期形式

即便不想输入日期，只要输入"1-11""1/11"这类数据，Excel 也会自动认定该数据为日期数据，并将其转换成"1 月 11 日"的形式。如果不需要自动转换，可通过下面的方法解决。

- 将单元格的格式设置中的表示形式改为"文本"
- 在开头处输入单引号（'）

顺带一提，想要显示分数形式的话，可通过以下方法输入。

- 将表示形式改为"分数"
- 采用像"0 1/2"这样的格式，在开头处输入 0 和半角模式下的空格

经常更新工作表的日期

"这份订单的制作日期怎么还是上一周啊！"

像订单这样的 Excel 表格，只通过改变日期和内容来重复使用同一张工作表，经常会发生忘记更改相关项目这类失误。为避免这样的情况发生，我们可以使用 TODAY 函数，自动将工作表的日期更新为当前日期。只要输入这个函数，之后就没有必要手

动更新日期了。

=TODAY()

输入 =TODAY() 后显示的结果

※ 假设今天为 2019 年 11 月 19 日

TODAY 函数对截至交货期的天数、年龄、入社时间等需要自动计算的任务可以发挥很大的作用。如果要用 Excel 处理日期数据，熟练使用 TODAY 函数是我们最先需要掌握的技巧。

但是，在使用 TODAY 函数修改订单等工作表中的日期栏时必须注意一点，那就是 TODAY 函数会实时更新当天的日期。直接保存 Excel 制作的订单后，工作表中的日期会自动调整为当前日期。因此，需要保留原始数据时，请把文件转存成 PDF 形式。

想要将年、月、日分别输入不同的单元格时

我在前文中曾经提过，在输入日期时，请务必用"/"将年、月、日隔开。但实际上这样操作非常麻烦。因此，需要"将年、

月、日分别输入不同的单元格，用作日期字段"，以此来提高操作效率。但是想要分别输入不同的单元格时，需要将所在单元格的格式设置为非日期数据（序列值），否则 Excel 就无法自动将之认定为日期形式来处理。也就是说无法进行天数、时间段和年龄等计算，也不能将日期自动转换成星期几。

这时，可以把年、月、日 3 个数值变为日期数据。这里需要用到序列值的函数，那就是 DATE 函数。在导出显示日期形式的单元格中先输入"=DATE("，然后按住 `Ctrl` 键，同时按顺序点击单元格 A2、B2、C2，就能快速完成操作。

=DATE(A2,B2,C2)

在单元格 D2 中输入 =DATE(A2,B2,C2)

D2	▼ ⋮	× ✓	*fx*	=DATE(A2,B2,C2)			
▲	A	B	C	D	E	F	G
1	年	月	日	日期变更			
2	2020	1	1	2020/1/1			
3							
4							

DATE 函数是按照顺序在第一参数到第三参数中输入年、月、日的数字，并以此制作日期数据（即序列值）的函数。想要计算不是常规日期格式的日期数据时，应该先使用 DATE 函数将其转换为日期数据。

有时会将需要处理的日期数据如 2020 年 1 月 1 日，用"20200101"的 8 位数值形式保存。如果想把它变为正确的日期数据，还是需要用到 DATE 函数来处理。这时，我们就用到后面接下来会介绍的 LEFT 函数、MID 函数、RIGHT 函数，分别抽出相应的年、月、日的数据，再将其逐个嵌入 DATE 函数中。

【例】

=DATE(LEFT(A1,4),MID(A1,5,2),RIGHT(A1,2))

关于这个技巧，我会在下一章的字符串操作中详细讲解。

如何从日期数据中导出年、月、日

相反，如果想从日期数据中提取出年、月、日的数据，需要用到 YEAR 函数、MONTH 函数、DAY 函数。例如，要从单元格 A1 中的日期数据中提取出年、月、日数据，可利用相应的函数按以下方式提取。

- =YEAR(A1) ➤ A1 的公历年份
- =MONTH(A1) ➤ A1 的月份
- =DAY(A1) ➤ A1 的日期

熟练运用函数，快速设置日期和时间

随时查看距截止日期还有几天

在利用 Excel 管理客户档案时，最方便的莫过于能自动显示距离每位客户的生日、合同的更新日期还有几天这样的数据。如果想要在含有更新日期数据的表格中的"剩余天数"一栏，实时计算出"距离更新日期还有几天"，可以用"更新日期减去当前的日期"。

例如，按以下方式输入，就能导出截至单元格 B2 中的日期的剩余天数。

=B2-TODAY()

在单元格 C2 中输入 =B2-TODAY()

	A	B	C	D	E	F
1	客户名	下次更新日	剩余天数			
2	吉田 拳	2020/3/10	112			
3						
4						
5						

C2 框中显示 `=B2-TODAY()`

B2 中的日期数据所对应序列值，与 TODAY 函数导出的当前日期的序列值，二者相减就会得出上述结果。"利用序列值来处理日期的相关计算"，希望大家能够从上述案例中掌握这个诀窍。

如何导出除周末和节假日外的营业天数

想要计算除双休日和节假日外距某个截止日期的营业天数，可以使用 NETWORKDAYS 函数。在一般的工作中，这种计算营业天数的案例十分常见。

由于 Excel 本身并不配备节假日的相关数据，因此我们在前期需要另外准备节假日一览表。在此制作一个以"节假日表"命名的工作表，然后参考下表的格式制作一张节假日一览表。可以在网络上搜索节假日数据表。

节假日一览表

日期	星期	节假日
2019/1/1	星期二	元旦
2019/1/14	星期一	成人节
2019/2/11	星期一	建国纪念日
2019/3/21	星期四	春分节
2019/4/29	星期一	昭和日
2019/4/30	星期二	休息日
2019/5/1	星期三	天皇即位日
2019/5/2	星期四	休息日
2019/5/3	星期五	宪法纪念日
2019/5/4	星期六	绿化节
2019/5/5	星期日	儿童节
2019/5/6	星期一	调休
2019/7/15	星期一	海洋节
2019/8/11	星期日	森林节
2019/8/12	星期一	调休
2019/9/16	星期一	敬老节

在单元格 A2 中输入交货日期，想要计算出除去周末和节假日外距离该交货日期还剩几个工作日时，只要从"当前日期"开始计算"从到该截止日期为止的天数中减去周末和节假日的天数"即可，公式如下：

=NETWORKDAYS(TODAY(),A2, 节假日表 !A2:A195)

此函数的参数表示意义如下：

- 第一参数：日期计算的开始日
- 第二参数：日期计算的结束日
- 第三参数：需要从日期计算过程中去掉的节假日的范围

要用这种方式得出"距离今天为止还有多少工作日"的结果，所以开始日期中要填入 TODAY 函数。

第三参数用于指定节假日，在这一例子中实际指定的是"节假日表"中含有节假日日期数据的单元格范围（即 A2:A195）。如果要把公司规定的休息天数考虑进去的话，可根据需要自行调整第三参数。

自动计算年龄

Excel 还有一个函数，叫作 DATEDIF 函数，输入出生日期后，可以自动计算出年龄。每天花几小时查看出生日期，如果发现当前日期是生日的话再手动将年龄数据加 1……我见过很多人会"永无止境"地重复这个操作。在此提醒各位，只要掌握这个函数，就可以完全避免手动修改数据。

DATEDIF 函数的结构如下：

【公式】

=DATEDIF(起始日期 , 结束日期 , 单位)

通过指定起始日期与结束日期，得出间隔的数据。

第三参数则根据想要如何表示间隔数据的单位，进行指定。

- "Y" → 年
- "M" → 月
- "D" → 日

计算年龄数据时需要选择"年"来作为单位，因此需要按照以下方式输入（假定 B2 为出生日期）。顺带一提，这个函数无法使用辅助输入功能，必须手动输入"=DATEDIF("。

=DATEDIF(B2,TODAY(),"Y")

在单元格 C2 中输入 =DATEDIF(B2,TODAY(),"Y")

	A	B	C	D	E	F
	C1	▼	fx	=DATEDIF(B2,TODAY(),"Y")		
1	吉田 拳	1975/11/12	44			
2						
3						
4						

想要通过这种方法自动计算出年龄，将出生日期指定为起始日期后，通常会输入能够导出当前日期的 TODAY 函数作为结束

日期。接着，从出生日期到今天为止所间隔的时间以年作单位来表示的话，需要在第三参数单位中输入 "Y"。

想计算出准确的结果，需要准确无误地输入公历年的出生日期。如果不了解日期数据的基础，只输入月份和日期的话，那么年份会变成当前年份，这样就无法计算出正确的年龄。所以，请一定记住"所有日期都要从公历年开始输入"。

用"× 年 × 个月 × 日"表示年龄和间隔期间的数据

在实际的工作中经常会遇到"用'× 年 × 个月 × 日'表示年龄和间隔期间"这样的事。想要完成此项操作，需要牢记如何导出除去年份后的从起始日期到结束日期的月份数（即 × 个月的部分），或者除去年份和月份的数值后的起始日期到结束日期的天数（即 × 日的部分）。

若想计算出"× 个月"部分，将第三参数的单位代码指定为 "YM"。

在单元格 D2 中输入 =DATEDIF(B2,TODAY(),"YM")，得到月份的数值

D2		▼	:	✕	✓	fx	=DATEDIF(B2,TODAY(),"YM")	
	A		B		C	D	E	F
1	姓名		出生日期		年龄	月数	天数	
2	吉田 拳		1975/11/12		44	3		
3								
4								
5								
6								

若想算出"× 日"部分，将第三参数的单位代码指定为 "MD"。

在单元格 E2 中输入 =DATEDIF(B2,TODAY(),"MD")，得到天数

E2			fx	=DATEDIF(B2,TODAY(),"MD")		
	A	B	C	D	E	F
1	姓名	出生日期	年龄	月数	天数	
2	吉田 拳	1975/11/12	44	3	1	
3						
4						
5						
6						

这样，我们就能在不同的单元格中分别得出对应的数值。

顺带一提，想要在一个单元格里得出"× 年 × 个月"的结果，可用"&"连接字符串等混合字段，从而实现组合输入数值与函数公式。

如何从日期设置中导出星期

Excel 还可以从日期数据中得出当前日期为星期几。掌握这个方法后，在制作日历和行程表时会非常高效。

Excel 中有个函数叫作 WEEKDAY 函数，其主要用途为计算某日期是一个星期的第几天。但事实上，还存在一种比它更简单的函数——TEXT 函数。

例如，想要在单元格 B2 中显示单元格 A2 中的日期为星期

几，我们可以在 B2 中输入以下公式：

=TEXT(A2,"aaa")

在单元格 B2 中输入 =TEXT(A2,"aaa")

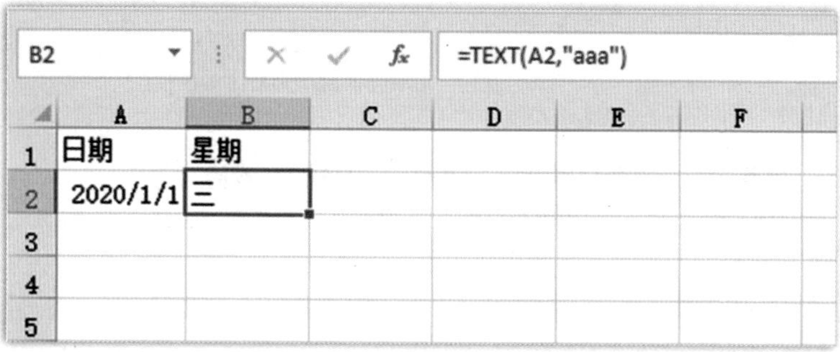

B2	▼	⋮	×	✓	f_x	=TEXT(A2,"aaa")	
◢	A	B	C	D	E	F	
1	日期	星期					
2	2020/1/1	三					
3							
4							
5							

这时候，改变第二参数的指定方法，星期几的表示形式也相应变化：

- "aaa" → 日
- "aaaa" → 星期日
- "ddd" → Sun
- "dddd" → Sunday

第 6 章

E

快速处理字符串

处理字符串的基础操作

将单元格中的一部分字符串移至其他单元格内

Excel 的方便之处不仅限于统计数据这一项，字符串在迅速处理单元格内的内容时也发挥着强大的作用。这里，我向大家介绍一下在处理各种数据时必须掌握的字符串处理技巧。

首先，我们需要掌握提取单元格内的字符串的一部分并将其移至其他单元格的函数。这里所谓的"一部分"，指的是"左数几个字""右数几个字""中间几个字"这样的范围。其对应的函数为 LEFT 函数、RIGHT 函数和 MID 函数。

- =LEFT(A1,3) → 抽取单元格 A1 左数 3 个字符
- =RIGHT(A1,4) → 抽取单元格 A1 右数 4 个字符
- =MID(A1,5,2) → 抽取单元格 A1 第 5 个字符开始的 2 个字符

LEFT 函数与 RIGHT 函数，第一参数指定单元格的左起或右起，第二参数指定只返回多少个字符。

MID 函数，第二参数指定开始提取的位置，第三参数指定提取的字符数。

代表日期的 8 位数变为日期数据

这里，让我们来看一下如何运用这 3 个函数将表示日期的 8 位数值转换成日期数据。

我前文中曾提到过用 Excel 处理日期数据时，需要像下面这样用"/"将年、月、日隔开。

2020/11/12

但是，有些公司也会用"20201112"这样的 8 位数值来表示日期。这并不是常规的日期形式，只是一种数值，我们也无法运用该数值计算出天数或星期。因此，我们需要先将其转换成日期的数据形式（序列值）。

我们可以使用 DATE 函数制作序列值。比如，想要制作"2020/11/12"这个日期数据，首先按照下列方式，在第一参数中指定公历年份，第二参数中指定月份，第三参数指定日期。

=DATE(2020,11,12)

那么，如何从单元格 A2 的"20201112"中提取年、月、日的数值呢？请大家按照以下思路思考。

- "年"的数值，提取单元格 A2"20201112"左数 4 个字符"2020"
- "月"的数值，提取单元格 A2"20201112"第 5 个字符开始的 2 个字符"11"
- "日"的数值，提取单元格 A2"20201112"右数 2 个字符"12"

像这样，想要从目标单元格的数据中提取一部分文字，就要用到 LEFT 函数、MID 函数和 RIGHT 函数。

想要提取单元格 A2 左数 4 个字符，需要在 B2 中输入以下公式：

=LEFT(A2,4)

在单元格 B2 中输入 =LEFT(A2,4)

B2		× ✓ *fx*	=LEFT(A2,4)			
	A	B	C	D	E	F
1	日期ID	年	月	日	日期形式	
2	20201112	2020				
3						
4						

接下来导出月份数值。请按以下方式输入 MID 函数，在单元格 A2 中从第 5 个字符开始提取 2 个字符。

=MID(A2,5,2)

在单元格 C2 中输入 =MID(A2,5,2)

C2		× ✓ *fx*	=MID(A2,5,2)			
	A	B	C	D	E	F
1	日期ID	年	月	日	日期形式	
2	20201112	2020	11			
3						
4						

最后提取日期数值。为了返回单元格 A2 右数 2 个字符，按以下公式输入 RIGHT 函数。

=RIGHT(A2,2)

在单元格 D2 中输入 =RIGHT(A2,2)

像这样，分别提取出年、月、日的数据后，再按照以下方式指定 DATE 函数的参数，我们就能够得到该日期的序列值。

= DATE(B2,C2,D2)

在单元格 E2 中输入 =DATE(B2,C2,D2)

上述的操作步骤可通过以下公式在 1 个单元格中集中处理。

=DATE(LEFT(A2,4),MID(A2,5,2),RIGHT(A2,2))

LEFT 函数、RIGHT 函数和 MID 函数能够从字符串左数或右数，以及从字符串中间开始只提取指定的字符数，这是字符串处理的基础操作。灵活运用这些函数，可以应对不同的数据处理需求。

拆分字符串

只从住址中选出都道府县

"如果住址是以都道府县为开头的文本，现在需要把都道府县与下级地址数据区分开。"

这种操作是拆分字符串的基础。从根本上来说，为避免后期进行这样的操作，应该在制作工作表时"就将都道府县放入单独的单元格中"。但是，如果在原工作表中已经是输入在同一个单元格中的状态的话就必须要拆分单元格了。这时，我们需要掌握如何将都道府县的数据单独提取到其他单元格中。

想要解决这个问题，仅仅熟知 Excel 中的功能和函数是不够的，重点在于要思考出多种处理方法。

首先，我们来思考"日本的 47 个都道府县名是什么类型的数据呢?"这一问题，大多为 3 个或 4 个字吧。

其中，4 个字的只有和歌山县、神奈川县、鹿儿岛县这 3 个县。4 个字的都是"县"，剩余全部都是 3 个字。

明白这一点，就能按照以下逻辑，从住址单元格中提取出都道府县的数据了。

"如果住址单元格中的第 4 字为'县'，只抽选左数 4 个字符；否则（如果第 4 字不是'县'），只抽选左数 3 个字符。"

以上逻辑若转换为 Excel 函数，就是下面的公式：

=IF(MID(A2,4,1)="县",LEFT(A2,4),LEFT(A2,3))

复制粘贴含有这一公式的单元格，就能做到提取所有单元格中的都道府县名。

在单元格 B2 中输入 =IF(MID(A2,4,1)=" 县 ", LEFT(A2,4), LEFT(A2,3))，一直复制到单元格 B12

B2		× ✓ fx	=IF(MID(A2,4,1)="县",LEFT(A2,4),LEFT(A2,3))				
▲	A	B	C	D	E	F
1	住址	都道府县				
2	北海道札幌市xxxx	北海道				
3	青森县八户市xxxx	青森县				
4	宫城县仙台市xxxx	宫城县				
5	东京都世田谷区xxxx	东京都				
6	神奈川县横滨市xxxx	神奈川县				
7	爱知县春日井市xxxx	爱知县				
8	大阪府大阪市xxxx	大阪府				
9	京都府京都市xxxx	京都府				
10	和歌山县和歌山市xxxx	和歌山县				
11	福冈县福冈市xxxx	福冈县				
12	鹿儿岛县指宿市xxxx	鹿儿岛县				
13						

"第 4 个字符为'县'"这一条件，就是"从地址那列的单元格中的前 4 个字符中只提取 1 个字符的结果即为'县'"，可以使用 MID 函数实现这一点。根据这一逻辑的真伪判定结果，用 LEFT 函数改变提取的字符数，并用 IF 函数指定操作。

如何从住址中区分都道府县与下级地方行政区

那么，在前文的表格中，如何在 C 列中提取除都道府县外的市町村等级别的数据呢？

在这一点上，思考方式最为重要，并且"思考有什么更简便的方法"也很重要。

我们需要事先了解 Excel 具体有何种类型的函数。即便不清楚，也应该思考"使用什么函数可以完成这项处理"。

首先，想从住址中提取都道府县的话，可使用 LEFT 函数确定"从左开始提取多少文字"。另一方面，想提取出市町村的话，就要考虑"从右开始提取多少文字"，此时使用 RIGHT 函数。

接下来的处理需要用到能够"计算单元格内字符数"的函数。这时我们要用到 LEN 函数。LEN 就是 Length（长度）的意思。通过以下公式，得出单元格 A1 中的字符数。

=LEN(A1)

了解这个函数后就会获得好的想法。

在前文的例子中，A 列中有地址数据，旁边的 B 列中只提取出都道府县的数据。在这个状态下，想要在 C 列中提取都道府县以下的行政区的数据，就需要思考在 A 列中需要从右数提取多少字符。答案如下：

"从住址栏的字符数中减去都道府县栏的字符数，从 A 列中数据的右侧开始提取。"

可以利用以下公式实现这一点。从单元格 A2 内字符串右侧开始，提取单元格 A2 的字符数减去单元格 B2 字符数的字符数。

=RIGHT(A2,LEN(A2)-LEN(B2))

将这个公式输入单元格 C2，一直复制到数据最后一行，就可提取出所有地址中都道府县以下的地方行政区的数据。

　　在单元格 C2 中输入 =RIGHT(A2,LEN(A2)-LEN(B2))，一直复制到单元格 C12

	A	B	C	D	E	F	G
	住址	都道府县	都道府县以下				
2	北海道札幌市XXXX	北海道	札幌市XXXX				
3	青森县八户市XXXX	青森县	八户市XXXX				
4	宫城县仙台市XXXX	宫城县	仙台市XXXX				
5	东京都世田谷区XXXX	东京都	世田谷区XXXX				
6	神奈川县横滨市XXXX	神奈川县	横滨市XXXX				
7	爱知县春日井市XXXX	爱知县	春日井市XXXX				
8	大阪府大阪市XXXX	大阪府	大阪市XXXX				
9	京都府京都市XXXX	京都府	京都市XXXX				
10	和歌山县和歌山市XXXX	和歌山县	和歌山市XXXX				
11	福冈县福冈市XXXX	福冈县	福冈市XXXX				
12	鹿儿岛县指宿市XXXX	鹿儿岛县	指宿市XXXX				
13							
14							
15							

如何从姓名中分别提取姓氏和名字

　　运用连字符"&"可以合并字符串，但是要拆分字符串多少有点复杂。例如，像下面这样用半角空格隔开姓氏和名字的情况下，怎样才能把姓氏和名字分别提取到不同单元格中呢？

　　姓氏与名字以半角空格隔开的数据

	A	B	C	D	E	F
1	姓名	姓氏	名字			
2	林 诚二					
3	平尾 淳史					
4	大八木 大					
5	滨 和树					
6	姬野 步					
7	五郎丸 敦之					

　　这种情况下，如有半角空格等形式的"分隔文字"（将空格视为 1 个字符），其实也能做到把空格前后的数据提取到不同单元格中。我们来看一下操作顺序。

1 提取姓氏

　　首先提取姓氏数据。提取单元格中的姓氏就是"从左开始提取单元格内的字符串中的字符数量"，这里要用到 LEFT 函数。问题在于如何提取指定的字符数。

　　这里，我们需要知道"分隔文字是第几个字符"。例如，单元格 A2 中的"林 诚二"，其分隔文字是半角空格，是第 2 个字符。接下来，用 2 减去 1 可以得出 1，也就是说从左开始提取 1 个字符即可得到姓氏。换句话说就是这样：

　　"分隔文字为第几个字符，用这一数字减去 1 所得到的数字，就是需要从字符串左边开始提取的字符数。"

　　公式如下：

　　=LEFT(A2,FIND(" ",A2)-1)

　　接下来，要注意如何在第二参数中使用 FIND 函数。这是用于定位指定文字在单元格内的位置的函数。

　　此外，这样连续输入两个引号（""）表示"空白"，如果在双引号之间加入半角空格（" "），则表示"半角空格"。

　　将这一公式输入进单元格 B2，就可以在 B2 中提取单元格 A2 中的半角空格之前的字符，在这里就是姓氏数据。

在单元格 B2 中输入 =LEFT(A2,FIND(" ",A2)-1)

B2		× ✓ fx	=LEFT(A2,FIND(" ",A2)-1)					
▲	A	B	C	D	E	F	G	H
1	姓名	姓氏	名字					
2	林 诚二	林						
3	平尾 淳史							
4	大八木 大							
5	渡 和树							
6	姬野 步							
7	五郎丸 敬之							
8								

我们既然已经知道分隔文字的半角空格是第 2 个字符，那么要想提取姓氏，需要从字符串左侧开始提取的字符就是 2 减 1，即 1 个。这样，就能够只提取出"林"这个字，也就是位于字符串最左侧的 1 个字符。

2　提取名字

接下来，我们来提取名字。这次需要从右侧开始提取，所以要用到 RIGHT 函数。问题在于应该如何设定"从右侧开始提取的字符数"。我们可用下面的函数公式处理。

=RIGHT(A2,LEN(A2)-FIND(" ",A2))

在单元格 C2 中输入 =RIGHT(A2,LEN(A2)-FIND(" ",A2))

C2		× ✓ fx	=RIGHT(A2,LEN(A2)-FIND(" ",A2))					
▲	A	B	C	D	E	F	G	H
1	姓名	姓氏	名字					
2	林 诚二	林	诚二					
3	平尾 淳史							
4	大八木 大							
5	渡 和树							
6	姬野 步							
7	五郎丸 敬之							
8								

在 RIGHT 函数的第二参数中，使用 LEN 函数和 FIND 函数指定了需要提取的字符数。"用单元格 A2 的字符数减去单元格 A2 中半角空格是第几个文字后得到的数字"，按照这样的方式进行计算。在这个例子中，单元格 A2 的字符数是 4（半角空格也算作 1 个字符）。

半角空格是第 2 个文字，4-2=2。从单元格 A2 的右侧开始提取 2 个文字，即半角空格之后的字符，也就是提取出名字。

接下来，将公式复制到下面几行，就能进行同样的处理了。

将公式复制到其他单元格

但是，这种处理方式，如果遇到没有空格的情况（假如此例中，姓氏与名字之间没有半角空格）就无法使用了。最初在输入数据时的操作会给后续的操作带来影响，因此需要谨慎考虑。原则上来说，最好的办法就是"尽量做细致划分"。后面可根据实际情况再行合并单元格或字符串。

整理数据

如何判断字符串是否相同

在我们手动输入数据时，很容易发生格式不统一的情况。如果想将单元格中的数据整理成统一的格式，就需要花费大量的时间。

比如，在全角格式下输入的电话号码。为了检查客户名单中是否存在重复，我们需要以电话号码为标准，使用 COUNTIF 函数判定是否存在重复。这时，我们需要将所有的电话号码整理成统一的格式。即便是相同的电话号码，分别用全角和半角格式输入，在 Excel 中也不能判定为相同数据。

如下例，在 A 列中输入了两个相同的电话号码，但是单元格 A2 中的数据为全角格式，单元格 A3 中为半角格式。单元格 B2 输有 EXACT 函数（如下公式），用来判定两个字符串内容是否相同。

=EXACT(A2,A3)

判断单元格 A2 与单元格 A3 中的字符串是否相同（单元格 B2）

| B2 | ▼ | : | × | ✓ | fx | =EXACT(A2,A3) |

▲	A	B	C	D	E
1	电话号码				
2	０３－１２３４－５６７８	FALSE			
3	03-1234-5678				

EXACT 函数，指定参数的两个字符串如果相同则返回 TRUE，不同则返回 FALSE。因此在该例中，结果为 FALSE（不同）。

这种情况下，我们需要统一数据格式。这种操作在不少处理字符串的相关函数中发挥着作用。

如何把全角字符转化成半角字符

想要将全角字符改为半角字符，我们可以使用 ASC 函数。

例如，利用下面的函数公式可以将单元格 A2 中的全角字符变成半角字符。

=ASC(A2)

在单元格 B2 中输入 =ASC(A2)

B2		:	×	✓	fx	=ASC(A2)		
		A			B		C	D
1	电话号码				半角转换		删除连字符	
2	０３－１２３４－５６７８				03-1234-5678			
3	03-1234-5678							
4								

如何删除指定文字

接下来，将单元格 B2 中删除连字符（-）后的数值提取到单元格 C2 中。像这样，想要删除指定文字时，可以使用 SUBSTITUTE 函数。SUBSTITUTE 意为"替换"。

=SUBSTITUTE(B2,"-","")

在单元格 C2 中输入 =SUBSTITUTE(B2,"-","")

C2	▼	⋮	×	✓	fx	=SUBSTITUTE(B2,"-","")

▲	A	B	C	D
1	电话号码	半角转换	删除连字符	
2	03-1234-5678	03-1234-5678	0312345678	
3	03-1234-5678			

这个函数，是在第一参数指定的字符串的范围内，将第二参数指定的文字替换为第三参数指定的文字。在这个例子中，第三参数为 ""（空白），将连字符替换为空白，就是删除连字符。

整合这些逻辑，就产生下面的公式。先用 ASC 函数转换为半角形式的字符串，再用 SUBSTITUTE 函数将连字符替换为空白。

=SUBSTITUTE(ASC(A2),"-","")

把上面的公式一直复制粘贴到数据最末行，表格中所有电话号码就会变成统一的格式。

将 =SUBSTITUTE(ASC(A2),"-","") 一直复制粘贴到数据最后一行

B2	▼	⋮	×	✓	fx	=SUBSTITUTE(ASC(A2),"-","")

▲	A	B	C	D
1	电话号码	整理数据		
2	03-1234-5678	0312345678		
3	03-1234-5678	0312345678		
4				

快速处理文字

连续输入 26 个英文字母

Excel 设有"自动填充"功能。比如在单元格 A2 中输入"星期一",向下复制粘贴,就能自动从"星期一"开始连续填入数据。

在单元格 A2 中输入"星期一",向下复制粘贴,自动连续填充数据

	A	B	C	D	E	F	G
1	星期						
2	星期一						
3	星期二						
4	星期三						
5	星期四						
6	星期五						
7	星期六						
8	星期日						
9							

这种自动填充其实无法连续输入英文字母。但是,"想要从 A 开始按顺序连续输入项目名称"这种需求非常常见,解决方法有两种。

1 使用 CHAR 函数

比较简单的方法就是使用 CHAR 函数。它可以将参数指定的字符代码转换成字符。

比如,英文字母 A 对应的字符代码为 65。也就是说,输入下

列公式的单元格中会显示 A。

=CHAR(65)

将字符代码 65 改为 66 则得出 B。也就是说，每次增加 1 个字符代码且连续输入 CHAR 函数的话，就会在表格中连续输入英文字母。比如，想要从单元格 A2 开始沿列连续输入英文字母，那么我们可以在参数中嵌入 ROW 函数，输入以下函数公式：

=CHAR(ROW()+63)

单元格 A2 位于工作表的第 2 行，因此这一公式的 ROW 函数在 A2 中会得出 2。以 2 为基础调整数值，加上 63，就能得到 A 的字符代码 65。

输入这个公式并复制粘贴到其他单元格中，就能输入连续的英文字母了。

单元格 A2 中输入 =CHAR(ROW()+63)，一直复制粘贴到单元格 A27

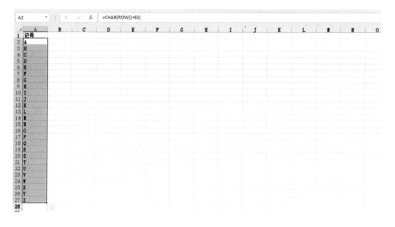

2 使用 SUBSTITUTE 函数与 ADDRESS 函数

下列公式，可设置成在 Z 之后继续输入 AA、AB 的形式。

=SUBSTITUTE(ADDRESS(1,ROW()-1,4),1,"")

请大家先自行解读一下这个公式。将这个公式输入到第 2 行并向下复制粘贴。

"从无到有，需要自己创造。"

这是成年人处理工作的基本法则。而且，在想要处理仅凭 Excel 的基础功能无法完成的操作时，也要有这样的精神。

如何计算特定字符在单元格中的数量

如果只是计算单元格内的字符数，用 LEN 函数就能做到。但如果想要计算单元格内特定字符的个数，应该怎么做？

像下图这样，数据表的 A 列中含有表示 URL 的字符串。

A 列中含有 URL 数据

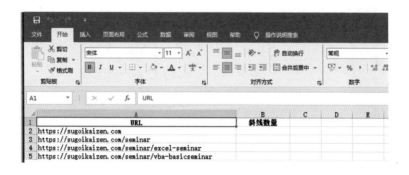

这时，我们应该如何计算 A 列中斜线符号（/）的数量，并让其显示在 B 列中呢？

像这样，想要计算单元格内特定的字符的数量，首先需要在单元格 B2 中输入以下公式：

=LEN(A2)-LEN(SUBSTITUTE(A2,"/",""))

将这个公式一直复制到数据最末行，就能计算每个 URL 中的斜线符号（/）的数量。

单元格 B2 中输入 =LEN(A2)-LEN(SUBSTITUTE(A2,"/",""))，一直复制粘贴到单元格 B5

	A	B	C
	URL	斜线数量	
2	https://sugoikaizen.com	2	
3	https://sugoikaizen.com/seminar	3	
4	https://sugoikaizen.com/seminar/excel-seminar	4	
5	https://sugoikaizen.com/seminar/vba-basicseminar	4	

在此，使用 LEN 函数与 SUBSTITUTE 函数，计算出在单元格 A2 中有多少个"/"。将 2 个数值相减即可得出想要的结果。逻辑如下：

单元格 A2 的字符数减去单元格 A2 字符串中除去"/"之后的字符数。

先用 LEN（A2）计算出单元格 A2 的字符数，该数据为 23。LEN(SUBSTITUTE(A2,"/","")) 部分，是将 SUBSTITUTE 函数作为参数嵌入到 LEN 函数。作为参数的 SUBSTITUTE 函数可以将单元格 A2 中的斜线（/）替换为空白，然后再用 LEN 函数计算出单元格 A2 中除去斜线后的字符数，此时的字符数为 21。

二者相减后可得到 2，就是单元格 A2 中的斜线（/）的数量。

第 7 章

E

制作表格的秘诀
如何提高整理
日常资料的效率

"用 Excel 工作"的本意是什么

极端地说，在工作中使用 Excel 具体要做的事情就是"制作表格"。无论是会议资料，还是订单、财务数据，最终都要以"表格"的形式展现。因此要点在于，思考"应该制作怎样的表格"。

提升制作 Excel 表格的效率的重要原则就是"输入、选项、输出"。在第 9 章中我会详细说明，想要高效制作日常工作中的 Excel 表格，Excel 文件的工作表结构可主要分为"输入""选项""输出"这三种。

数据库形式的 7 个规则

首先，"输入"和"选项"需要"数据库"这种形式。想要用 Excel 顺利完成数据收集和分析的一大前提是使用数据库这种形式来积累作为其材料的数据。如果没有用正确的形式积累需要收集和分析的数据，一切将无从开始。这是"数据库优先原则"，只有积累了数据库形式的数据材料才有接下来的工作的思考方式。

并且，"数据库形式"也是排序、自动筛选、数据透视表等"数据库功能"（参考第 220 页）能够正常运作的条件。我们来看一下这些原则吧。

- 第一行有项目行
- 一行输入一个记录

➡ 第一行为项目行，第二行以后对应各个项目的数据以一行一个记录的形式呈纵向罗列。

● 一个单元格一个数据的原则

➡ 避免在一个单元格中输入多个数据和信息。

B4	▼	⋮	×	✓	fx		
◢	A	B	C	D	E	F	G
1	购买时间	负责人	商品/金额				
2	2019/11/29	吉田 田中 佐藤	苹果/1万日元 橘子/3万日元 香蕉/5万日元				
3							
4							
5							

● 一列一个数据类型的原则

➡ 各列的数据必须统一为相同的数据类型。数据的类型是指"日期""数值"等数据的种类。例如，在应该输入数值的列中混有文本的数据，则需要做出调整。

● 禁止合并单元格的原则

➡ 在数据库形式的表格中合并单元格的话，会导致"无法进行排序"等各种问题。

● 在周围不要紧密放置含有不相关的数据的单元格（从周围区分出来单元格的范围）

● 中间不要出现空白列和空白行

数据库形式的表的例

	A	B	C	D	E	F	G
1	日期	负责人	商品代码	数量	销售额		
2	2020/4/1	冰室	A002	7	9800		
3	2020/4/2	远藤	A002	6	8400		
4	2020/4/3	熊泽	C002	6	120		
5	2020/4/4	内山	B001	5	13000		
6	2020/4/5	内山	A001	11	22000		
7	2020/4/6	冰室	A002	8	11200		
8	2020/4/7	远藤	A002	18	25200		
9	2020/4/8	熊泽	C002	20	400		
10	2020/4/9	内山	A002	17	23800		
11							

第一行设定的项目要尽量细致

第一行设定的项目要尽可能详细，这样在进行后续工作时才会更加方便。例如，在地址栏中分开输入都道府县和下级行政区，那么之后计算在各都道府县的客户的分布状况等工作就会变得简单。这是因为，我们虽然可以使用 & 或 CONCATENATE 函数（Excel 2016 以后的版本为 CONCAT 函数）将不同单元格的数据连接到一起，但拆分单元格中的内容会花费大量的时间。有时甚至无法使用函数拆分单元格内容，只能手动完成。

这样的数据库形式的表格被广泛应用于客户、销售额的管理中，而在日常工作中也经常利用这种表格制作各种数据分析的资料。

利用已经含有数据的表格，制作新的资料

如果是以下载的数据或累积的数据为材料进行加工、整理，并根据要求制作资料，就不只是输入函数这么简单了，我们必须要思考"利用何种材料，制作出何种资料"。

用 Excel 制作数据分析资料的基础为以下 3 点。

1 从数据库形式的表格，转换成由纵轴和横轴组成的倒 L 形矩阵表

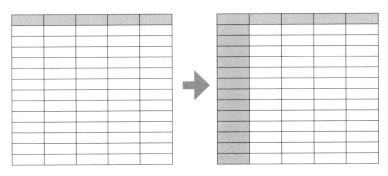

向下累积数据的数据库形式表格　　　　纵轴与横轴项目组成的倒 L 形矩阵表

2 再次设定项目

"将按天计算的数字改为按月统计。"

"将按都道府县计算的数字改为按地域统计。"

像这样，大多数情况下会根据不同目的，将细分单位的项目转换为较大单位的项目。准备转换用的基础数据后，可以通过 VLOOKUP 函数处理。

还可以添加同比率、达成率、构成比等各种分析现状时需要的项目。至于应该添加怎样的项目，我会在第 9 章中详细说明。

3 需要定期制作、更新的资料，应预先在表格内输入函数

需要定期制作、更新的资料，不仅要花费大量时间进行复制粘贴，还容易发生粘贴错误数据等失误。这时，我们需要事先在

表格中设计这样的结构：预先确定表格的格式，然后在表格中输入函数，使其能够自动统计数据并填充表格。如此一来，我们只要把材料数据粘贴到固定位置就能立刻完成表格更新。具体来说，这需要用到 SUMIF 函数和 COUNTIF 函数。

具体的操作步骤将在第 9 章中详细解说，请先记住一个原则：使用数据透视表或自动筛选功能来制作表格这项操作，还有很大的改善余地。多数情况下，改为用函数来处理，就能够大幅度提高操作效率，节省工作时间。

接下来，将以上述注意事项为基础，介绍一些能够提高制作表格效率的功能与技巧。

利用"条件格式"
制作简单易懂的表格

如何将同比率在 100% 以下的单元格标红

一般企业在判断销售额等业绩时，最常用的指标是同比率，即"与去年相比"。

今年的销售额比去年增长了多少百分比？或者下降了多少？

如果有所下降，那原因又是什么？

那么应该如何验证并锁定特定原因，然后再讨论解决对策呢？

可以通过"给同比率小于 100% 的单元格填充颜色"这样的处理方式，强调与去年的对比。但如果手动给目标单元格填充颜色的话，操作起来会非常麻烦。

能够自动完成这样的操作的就是"条件格式"功能。它可以根据单元格内的数值自动调整单元格的格式。

例如，在计算同比率的数据的单元格 E3:E11 中，如果单元格内的数值小于 100%，则将此单元格填充为红色。

1 选择单元格范围 E3:E11

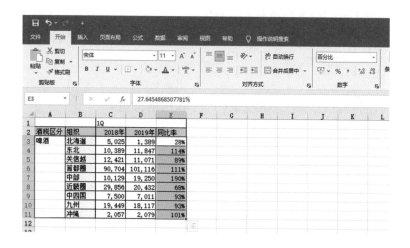

2【开始】菜单栏 ➡【条件格式】➡【新建规则】

3 选择【使用公式确定要设置格式的单元格】

4 在【为符合此公式的值设置格式】栏中输入下列公式

=E3<100%

输入"E3"时，在【为符合此公式的值设置格式】栏中点击 1
次，然后在工作表中预先选择的范围里点击唯一的白色单元格 E3。

接着，就会出现"=$E$3"的绝对引用形式，按 3 次 F4 键，去掉 $。

之后，输入后续的公式（<100%）。设定公式为真时应该显示怎样的格式。

5 点击【格式】打开【设置单元格格式】，在【填充】栏中选择红色，点击确定

6 返回这个画面，再次点击确定

7 在选择范围内，仅指定更改数值低于 100% 的单元格的格式

我们不应该花费大量时间去做 Excel 能够自动完成的操作。即便事先不知道 Excel 的基础功能，也要尝试寻找"有没有更简单的方法"。

每隔一行标不同颜色，做成简单易懂的表格

作为使用条件格式的应用实例，我们可以制作出下表这样每隔一行填充颜色的条纹式表格，让数据看起来更清晰。

每隔一行填充颜色的表格

当然，这种操作也绝对不能"逐个手动填充"，务必牢记要将复杂的操作变得轻松、简单。

在这个例子中想法最重要。如何利用条件格式设置"每隔一行填充颜色"呢？

答案是"仅对奇数行或偶数行填充颜色"，这样就能每隔一行填充颜色了。

例如，要给奇数行填充颜色，就要针对表格内的单元格，设定"若此单元格在奇数行则填充颜色"。单元格的行数可用 ROW 函数取得。至于用 ROW 函数得到的行数是否为奇数，可以用"该数字除以 2 余 1 则为奇数"这个逻辑进行判定。让我们看一下具体的操作步骤。

1 选择想要设置的范围

	A	B	C	D	E	F	G	H
	A2				*fx*	2020/4/1		
1	日期	负责人	商品代码	数量	销售额	去年实绩		
2	2020/4/1	冰室	A002	7	9800	9800		
3	2020/4/2	远藤	A002	6	8400	8400		
4	2020/4/3	熊泽	C002	6	120	144		
5	2020/4/4	内山	B001	5	13000	14300		
6	2020/4/5	内山	A001	11	22000	19000		
7	2020/4/6	冰室	A002	8	11200	11200		
8	2020/4/7	远藤	A002	18	25200	25200		
9	2020/4/8	熊泽	C002	20	400	360		
10	2020/4/9	内山	A002	17	23800	23800		
11								

2【开始】菜单栏 → 【条件格式】 → 【新建规则】

3 选择【使用公式确定要设置格式的单元格】

4 栏中输入以下公式

=MOD(ROW(),2)=1

5 【格式】→ 在【填充】中选择喜欢的颜色点击确定 → 回到【新建格式规则】点击确定

这样就可以做到给每隔一行填充颜色。

每隔一行填充颜色

	A	B	C	D	E	F	G	H	I	J
1	日期	负责人	商品代码	数量	销售额	去年实绩				
2	2020/4/1	冰室	A002	7	9800	9800				
3	2020/4/2	远藤	A002	6	8400	8400				
4	2020/4/3	熊泽	C002	6	120	144				
5	2020/4/4	内山	B001	5	13000	14300				
6	2020/4/5	内山	A001	11	22000	19000				
7	2020/4/6	冰室	A002	8	11200	11200				
8	2020/4/7	远藤	A002	18	25200	25200				
9	2020/4/8	熊泽	C002	20	400	360				
10	2020/4/9	内山	A002	17	23800	23800				
11										

此处出现的 MOD 函数，能够得出第一参数指定的数字除以第二参数指定的数字后得到的余数。下列逻辑式，针对在指定的单元格范围中的各个单元格设定了"ROW 函数取得的数字除以 2 余 1"的条件。

=MOD(ROW(),2)=1

这样就能够设定给在选中的范围内符合这一逻辑式的单元格填充颜色。

单元格内换行和添加框线

单元格内的换行，以及换行后的数据

制作表格时，特别是当项目名称无法完全显示在一行单元格中，就需要换行输入。想要在 Excel 的单元格中换行，可以在需要换行的位置按下面的快捷键。

Alt + Enter

切记不要按空格换行。

但是，我们要注意，换行后的单元格的值，会与换行前的单元格的值有所不同。比如下面这个例子，单元格 A2 与单元格 B2 分别输入"大大改善"。单元格 B2 在"大大"之后按下 Alt + Enter 进行了换行处理。在单元格 C2 中输入 EXACT 函数来检查两个单元格内的值是否相同。结果是返回 FALSE。也就是说，这两个单元格内的值并不相同。

内容都是"大大改善"，换行后却变成了不同的值

185

因此，在处理用于 VLOOKUP 函数的检索值、检索范围等值的换行时有必要注意这一点。如果对某一个值做过换行处理，那么在计算时就有可能无法得到预期的结果。这是因为这个快捷键具有"强制换行"的意思。

消除单元格内换行的两个方法

消除单元格内换行的方法有两个。

第一个，使用 CLEAN 函数。例如，在含有以下公式的单元格中，会返回消除单元格 A1 的换行后的值。

=CLEAN(A1)

另一个方法就是使用替换功能。例如，想要一次性消除 A 列中所有单元格的换行，可进行如下操作。

1 选择 A 列，按 `Ctrl` + `H` 启动替换功能

2 点击【替换】菜单后，按下快捷键 `Ctrl` + `J`（菜单中没有显示内容，不要介意，继续操作）

3 点击【全部替换】➜ 点击【关闭】

框线全部统一整理成同一种类

在制作 Excel 表格时一定会用到框线。除常见的实线外，Excel 中还有虚线、粗线等框线。但考虑到操作效率，建议不要在表格中使用过多种类的框线，最好统一整理成实线。

像下页的例子，项目单元格框线用实线，而下面几行则用虚线，这样就会让表格看上去更清楚，呈现突出重点的效果。

项目用实线，接下来的行用虚线的表格

	A	B	C	D	E	F	G	H
1	商品代码	单价	数量	销售额				
2	A002	11,763	7	82,341				
3	A002	11,096	6					
4	C002	11,959	6					
5	B001	11,565	5					
6	A001	11,733	11					
7	A002	11,165	8					
8	A002	10,605	18					
9	C002	11,181	20					
10	A002	11,854	17					
11	C001	11,406	9					
12	合计		107	82,341				

虽然这个表格看起来用心设计了版式，实际上却并不会对工作结果带来任何好处。

另外，例如在单元格 D2 中输入"数量 × 单价"的计算公式"=B2*C2"后，一直拖拽复制到 D 列最下方的单元格，那么单元格的格式也会被一并复制过去，好不容易设置的虚线框线就会都变成实线了。

原本是虚线的框线变成实线了

	A	B	C	D	E	F	G	H	I
1	商品代码	单价	数量	销售额					
2	A002	11,763	7	82,341					
3	A002	11,096	6	66,576					
4	C002	11,959	6	71,754					
5	B001	11,565	5	57,825					
6	A001	11,733	11	129,063					
7	A002	11,165	8	89,320					
8	A002	10,605	18	190,890					
9	C002	11,181	20	223,620					
10	A002	11,854	17	201,518					
11	C001	11,406	9	102,654					
12	合计		107	1,215,561					

　　针对这种状况，有个方法可以在不复制格式的状态下复制公式。可以运用选择格式粘贴功能，按下 `Ctrl` + `Enter` ，在多个单元格中输入内容，然后右击，拖拽复制。但是，这种方法需要进行额外的操作，并且事先要将框线设置成虚线。而这两步操作，并不会给提高工作效率带来实际的帮助。这样看，将表格中的框线都统一设置成实线的话，可以大幅提高工作效率。

　　表格的格式与工作成果并不存在因果关系。即便表格看上去很整齐，没有实际内容的话也是毫无意义。美化表格可以放到后期的工作中，一定要先弄清工作中的优先顺序。

活用"数据有效性"，
避免无用功和错误

使用"数据有效性"的两个好处

想要提高工作效率和生产率有一点很重要，那就是建立零失误的结构。如果出现错误，就需要花费不必要的时间与精力去恢复数据，这样就会使工作的生产率下降。所以说，努力降低失误的发生概率，与提高生产率有直接联系。

Excel 中有一个重要功能——数据有效性。使用这个功能，有两个好处：

- 更高效地输入数据
- 避免输入错误

例如，需要从几个选项中多次输入相同数据时，在需要输入的单元格范围内将有效性条件设定为允许"序列"输入，这样就能从下拉菜单中选择想输入的数据。

使用"序列"输入有一个好处，就是能够确保每次都用相同文本输入相同的数据。例如，要输入相同公司名称的时候，有的地方是"××股份有限公司"，有的是"××（股份公司）"，这些数据虽然都代表同一家公司，但也会出现不同的文本（这种情况叫作"标示不统一"）。在这种情况下，在统计和处理数据时，Excel 无法将这两种公司名称数据自动识别为同一家，因此会出现各种各样的错误。

另外，限制能够输入单元格中的值，也能防止输入错误。

如何限制单元格的数值

在第 5 章中曾介绍过，输入日期时要用"2020/1/1"这样的公历的形式输入，但这也是非常麻烦的工作。而且，在表格中输入数据的人可能并不是十分清楚输入日期的方法。

因此，在制作需要输入日期的表格时，应该把年、月、日的数据分别输入 3 个不同单元格中，以这 3 个单元格的数值为参数，用 DATE 函数填充日期数据。这样就可以避免每次都输入斜线，提高了输入效率。

将年、月、日分别输入 3 个不同的单元格中，以这 3 个单元格的数值为参数，用 DATE 函数填充日期数据

运用这种方法的话，在输入数据时就不会出现错误。前文中也曾提到，有时会使用已经制作好的表格，而有些人不清楚要按照公历的格式输入日期。这个方法让其他填写表格的人也能够正确输入日期数据，从而顺利推进工作。

如上页表，单元格 A1 输入 "年" 的数字，单元格 A2 输入 "月" 的数字，单元格 A3 输入 "日" 的数字。单元格 A6 的 DATE 函数以单元格 A1、A2、A3 的数值为参数生成日期数据。单元格 B6 的 TEXT 函数引用单元格 A6 的数据生成星期数据。

这时，如果想要避免在月份的单元格中输入 1 ~ 12 以外的数字，可以按照以下步骤操作。

1 选中只允许输入 1~12 的数值的单元格，即单元格 A2，点击【数据】菜单栏 → 点击【数据验证】

2 从【允许】中选择【整数】

3 【最小值】输入 1，【最大值】输入 12，并按【确定】

这样在单元格 A2 里，即便想要输入 1～12 之外的数值，系统也会立刻弹出下图中的提示，无法输入。

如果想输入 1~12 之外的数值，会出现警告提示

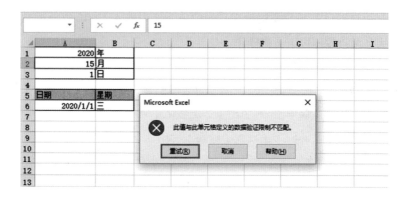

这样就能防止输入错误。

如何修改警告提示框

弹出的警告提示内容也可以修改。例如，弹出"请输入 1～12 的数字"这样的警告提示，对输入错误信息的人来说更容易理解。这样的考量对于顺利推进工作尤其重要。具体做法如下。

1 选择前文中设置有效性的单元格 A2，【数据】菜单栏 ➡ 点击【数据验证】

2 选择【出错警告】

3 在【标题】与【错误信息】中输入出错警告的内容，点击【确定】

设置后，再次输入 1～12 之外的数值，就会显示这样的警告提示信息。

显示预先设定好的警告提示信息

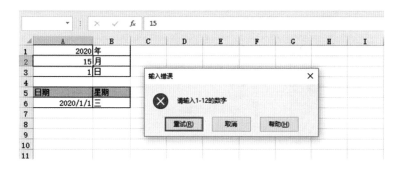

如何将输入模式更换为半角英文

在前文的例子中，输入单元格 A2 的数值都是半角英文格式的。选择这一单元格时，输入模式默认为全角，输入的英文和数字也全部显示为全角状态，若要更改输入状态，就必须按两次空格键。这样稍微有些麻烦。如果可以在选中单元格 A2 后，自动将输入模式切换为半角就方便多了。

另外，比如 A 列为姓名，B 列为电子邮箱地址，在制作这样的表格时，通常以全角形式在 A 列中输入姓名，然后切换成半角英文在 B 列中输入邮箱地址。这时，如果可以设置成在选中 B 列单元格后，自动切换为半角英文格式的话，就无需手动切换了，操作起来也会更加便捷。

具体操作顺序如下。

1 选择想要设定半角英文模式的单元格（整个 B 列）

2 【数据验证】➡ 点击【输入法模式】选项卡

3 从【输入法模式】下拉菜单中选择【打开】，点击【确定】

　　设置完毕后，只要选择了 B 列单元格，输入状态就会自动切换为半角英文模式。

　　即使在【输入法模式】栏中选择【关闭（英文模式）】，输入状态也会自动变为半角英文模式。但是这种情况下，在键盘上点击操作【半角/全角】快捷键等，也可以将输入模式变为全角中文输入格式等。另一方面，如果这一设定被取消，只要不改变这一设定，就无法通过键盘改变输入模式。可能是为了增强"绝对不可以有半角英文之外的输入模式"这一限制，这一点我们要灵活运用。

摆脱因为合并单元格而掉入的低效地狱

"千万不要合并单元格。"

这是我在 Excel 研讨会上，每次都要提到的一句话。合并单元格到底会出什么大问题呢？

合并单元格会妨碍公式的复制粘贴

合并单元格会导致两个问题。

第一个问题是会妨碍公式的复制粘贴。请看下表，这张表是在 C3:F8 范围里输入 SUMIFS 函数后制成的合计表。但是，第一行和 A 列的项目单元格合并起来了，导致 SUMIFS 函数的参照单元格呈如图状态。

	A	B	C	D	E	F	G	H	I
1	酒税区分	地区	1Q		2Q			年度	季度
2			2019	2020	2019	2020			
3	啤酒	东日本	=SUMIFS($J:$J, $K:$K, $A$3, $H:$H, $B$3, $I:$I, C$2, $L:$L, $C$1)						
4		西日本	0	0	0	0			
5	发泡酒	东日本	0	0	0	0			
6		西日本	0	0	0	0			
7	新品类	东日本	0	0	0	0			
8		西日本	0	0	0	0			

一开始，如果可以把 C3 单元格里的公式直接复制粘贴到 C3:F8 范围内的所有单元格，操作起来就很简单。可是在这张表中，第一行和 A 列有单元格合并在一起了，这就会妨碍到前面所说的操作，只能复制粘贴到 C3:D4 的范围。你想要再复制到超过

这个范围的单元格里，之后就必须修改 5 次公式，非常麻烦。

有这样一个可以顺利操作 Excel 的诀窍，我叫它"保证能复制公式的原则"。

"最初就只设定一个输入公式的单元格。之后一个个复制粘贴下去，就很方便。"如下面的图表，没有任何合并单元格，那么就可以把最初在 C3 单元格里输入的公式一个个复制粘贴到 C3:F8 范围里的单元格。

	A	B	C	D	E	F	G	H	I
1			1Q	1Q	2Q	2Q		年度	季度
2	酒税区分	地区	2019	2020	2019	2020			
3	啤酒	东日本	=SUMIFS($J:$J, $K:$K, $A$3, $H:$H, $B$3, $I:$I, C$2, $L:$L, $C$1)						
4	啤酒	西日本	0	0	0	0			
5	发泡酒	东日本	0	0	0	0			
6	发泡酒	西日本	0	0	0	0			
7	新品类	东日本	0	0	0	0			
8	新品类	西日本	0	0	0	0			

在这一原则下，发挥最大作用的就是"绝对引用"。不仅是公式，还需要设定好能在组合表里顺利引用项目单元格的操作。

这张表里，第一行和 A 列有重复的值，看起来不方便。如果是同样的值，可以最终只留下第一个，之后的显示为白色字。这样一来，整张表的版面看上去更清爽易读。相关操作细节，在第 9 章第 338 页有记载。

合并单元格会导致无法使用数据库功能

合并单元格的第二个问题，就是会导致数据库的功能无法使用。数据库的代表功能有排序、自动筛选、透视表 3 种。下一页中的第一张表可以使用数据库功能，第二张表因为合并了单元格，就不能用上数据库功能了。

	A	B	C	D
1	销售日期	地区	商品代码	销售额
2	201901	爱知县	27210786	2992920
3	201901	爱知县	27220883	136920
4	201901	爱知县	27220957	997920
5	201901	爱知县	27220985	56448
6	201902	爱知县	27260317	40320
7	201902	爱知县	27260665	794640
8	201902	爱知县	27350171	6670
9	201902	爱知县	27350921	17342
10	201902	爱媛县	27210786	286440
11	201902	爱媛县	27220883	141960
12	201902	爱媛县	27220957	95760

	A	B	C	D	E
1	销售日期	地区	商品代码	销售额	
2			27210786	2992920	
3	201901		27220883	136920	
4			27220957	997920	
5		爱知县	27220985	56448	
6			27260317	40320	
7			27260665	794640	
8			27350171	6670	
9	201902		27350921	17342	
10			27210786	286440	
11		爱媛县	27220883	141960	
12			27220957	95760	

关于数据库形式的表格，大家应该明白一点：它不是为了给大家看的表格。数据库形式的表格只是为了今后合计、分析数据，以最方便使用的形式临时储存数据的表格。因此，不需要为了视觉上的美观，就想着去合并单元格，完全没有必要考虑这些。

"Excel 方格纸"问题

大家合并单元格的一大动机，就是"想要制作容易看懂的表格"。如下图，如果想要把多个输入栏和表格放在一张工作表上，大家总是会忍不住想要合并单元格。要是心里决定"已经成形了，不会再去更改了"也没关系，但实际上许多人做不到这一点。

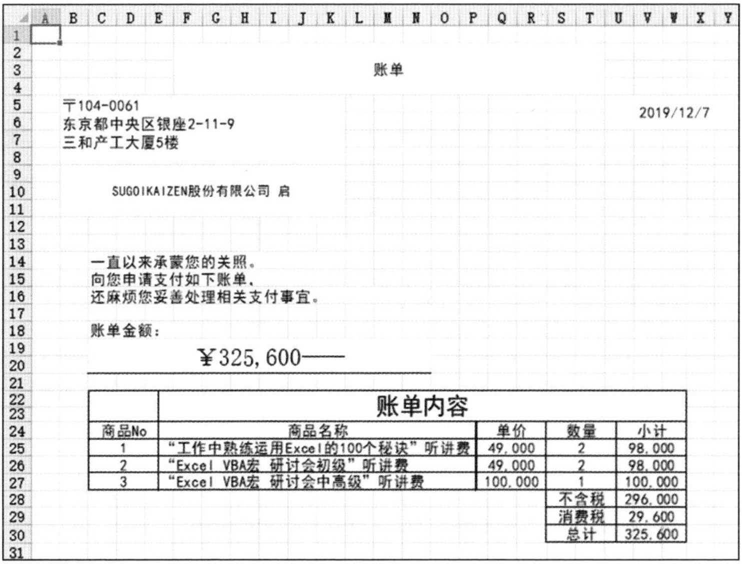

像上图这样缩小单元格的宽度，使表格呈方格纸的样子，然后大量合并单元格，自由地制作输入栏，这种方法俗称"Excel 方格纸"。现实中，这个做法非常多见，但是我并不推荐。例如，如果想要将日期栏往下拖一行，和前面地址栏的位置错开，就会因为"这个操作在合并单元格里无法实现"，操作起来很不方便。

"一张工作表一张表的原则"，自由排版的方法

那么，该怎么办呢？

不要一开始就在一张工作表里直接排上多个表格和输入栏，而是要分别在不同工作表里制作。这样一来，就不需要考虑多个输入栏和表格的列数、行数、列宽、行高等是否合适的问题，也不用强行调整、合并单元格等。这种方式叫作"一张工作表一张表的原则"。

也就是说，要牢记："在一张工作表上只做一张表。"

接下来，在各张工作表中分别制作的输入栏和表格，可以使用一种特殊的复制粘贴法，汇总到一张工作表里。此时发挥巨大作用的，就是"链接的图片"。

以前一页中的那张工作表里的"账单内容"表格为例，怎样把其他工作表里制作的表格移到这里来呢？我们来看一下。

先在其他工作表里像下图这样，制作"账单内容"的表格部分。

1 选择 A1:E8 的单元格范围，Ctrl+C 复制

	A	B	C	D	E
1			账单内容		
2	商品No	商品名称	单价	数量	小计
3	1	"工作中熟练运用Excel的100个秘诀"听讲费	49,000	2	98,000
4	2	"Excel VBA宏 研讨会初级"听讲费	49,000	2	98,000
5	3	"Excel VBA宏 研讨会中高级"听讲费	100,000	1	100,000
6				不含税	296,000
7				消费税	29,600
8				总计	325,600

顺便一提，这张工作表里要设置不显示网格线。

【页面布局】菜单的【网格线】下方，取消勾选【查看】。

2 "账单"工作表里，在想要放置这张表的位置旁边点击鼠标右键 ➡【选择性粘贴】➡【其他粘贴选项】，点击【链接的图片】

3 将复制的单元格范围，以图片形式粘贴

只要把复制的单元格范围以图片形式粘贴过去，它就像自动图形或图像一样，可以自由调整大小和位置。而且，一旦变更复制来源单元格里的值，粘贴过去的图片中单元格显示的值，也会有相应变化。

通过这个办法，一个个输入栏或表格分别在不同工作表当中制作，复制后以"链接的图片"粘贴成图片，就可以随意排版了。

如何解决"神 Excel"问题

如前面讲述的例子那样，通过调小单元格的高度和宽度，做成方格纸状的页面，然后在此基础上大量使用合并单元格的版式，

俗称"神 Excel"。因为这是一种以打印在纸面上为前提的页面版式，日语里的"纸"和"神"的发音一样，所以在日本，大家在网上提到这个方法，都叫它"神 Excel"。

如果是像在机关部门窗口放置的申请书那样，预先印刷出来供他人手动填入的话没有问题。如果是作为电脑上输入的 Excel 工作表来使用的话，这样做就会遇到问题。

一般来说，用户通常都想以数据库形式存储电脑中的数据。但是，把 Excel 工作表里输入的内容转存为数据库形式的操作，其实非常低效。即便一个个手动复制粘贴，将合并单元格复制到想要粘贴的位置，合并单元格中的内容也未必能原样移植过去。即便设置自动化操作，但由于合并了单元格，只是要指定单元格，就还要多花时间。一句话总结，这就是"完全没有考虑到数据再利用性的格式"。

像这样，由于格式导致的效率低下的问题，可以通过"不直接输入格式，而是在其他地方设置输入用的表格"来解决。

以理想情况来说，如下直接输入到数据库形式的表格中是最快的方法。但是，也有不少人反映，"如果项目名称变多，横向就得输入更多的项目，操作起来很麻烦"。

	A	B	C	D	E	F	G	H
1	账单NO	账单日	顾客ID	顾客住所1	顾客住所2	顾客名称	商品No1	商品No1数量
2	1	2019/12/7	1	东京都中	银座2-11-9	SUGOIKAI2	1	2
3								

最简单的解决方案，就是按照如下方法，准备纵向输入简单的框架。

	A	B
1	输入项目	输入内容
2	账单NO	
3	账单日	
4	顾客ID	
5	顾客住所1	
6	顾客住所2	
7	顾客名称	
8	商品No_1	
9	商品No_1数量	

在这个表格中，黄色单元格里已经预先输入了 VLOOKUP 函数，接下来只要输入顾客 ID，就会自动出现顾客住所、顾客名称等信息。

输入完毕之后，选择输入范围，复制到数据库表格新建行中，用本书第 236 页介绍的"交换行与列"的方法，改换横向数据，就能追加到数据库里了。

然后，从这个数据库中把需要的单元格值在各张工作表中制成的输入栏、表格里，用 VLOOKUP 函数转存过去，再复制，以【链接的图片】粘贴后排版，就形成输入有你所需要的值的格式了。

如果采用的是这个形式，大家不仅可以按照自己的想法来制作格式，在数据库中存储数据也会变得更容易。这样一来，就能够解决"完全没有考虑到数据再利用性的格式"的烦恼。

"神 Excel"数据库化，也能使用 Power Query

如果把"神 Excel"状态的工作表中各单元格的值调整成数据库形式，还可以使用 Power Query 功能。

　　详情请见《Excel 数据透视表 7 步 "自动化" 合计分析数据》的作者，鹰尾祥先生的博客文章：

https://modernexcel7.hatenablog.com/entry/GodExcel

用序列输入快速改变引用范围

"数据验证"的功能中最重要的就是序列输入。所谓序列输入，也就是可以设置像下拉菜单一样的功能。在避免输入错误、限定输入值方面发挥着很大的作用。

这里有一些希望大家能够事先掌握的序列输入技巧。

在性别栏中自动输入性别的方法

在输入性别等选项较少的信息时，我们可以按照以下方式，直接输入选项的字符串。

1 选中想要设置序列输入的单元格

2【数据】选项卡 ➡【数据验证】➡【设置】选项卡 ➡【允许】中选择【序列】

3【来源】栏中输入"男，女" → 点击【确定】

这样一来，在单元格 A2 中就可以从"男"和"女"的序列中选择输入数据了。

单元格 A2，选择输入"男"或"女"

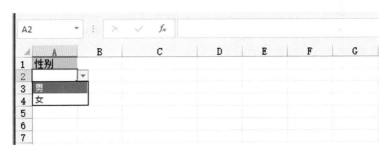

在【来源】栏中以逗号分隔的输入内容的顺序，即是序列输入选项的出现顺序。并且大家要注意分隔符为半角逗号（,）。

在工作表中预先制作选项一览

如下图所示，想要将 C 列中的负责人设置为选项，在单元格 A2 中以序列模式输入，应该如何设置呢？

把 C 列中的负责人作为选项，在单元格 A2 中设置序列输入

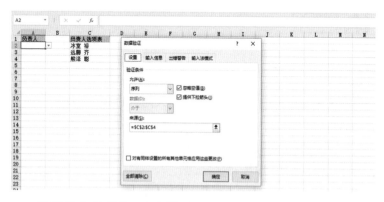

选项数量不会有所增减（也就是说，后期不会进行数据更新），想在同一个工作表中设置参照系时，可以按照下面的步骤快速设置。

1 选中单元格 A2，【数据】选项卡 ➡ 点击【数据验证】

2【设置】选项卡 ➡【允许】中选择【序列】

3【来源】栏中点击一下，鼠标选中单元格 C2:C4，点击【确定】

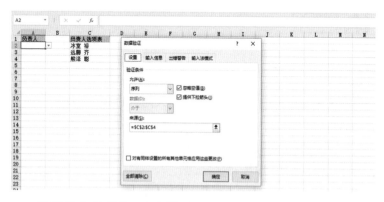

这样就在单元格 A2 中设置了以 C2:C4 为来源范围的序列输入模式。

单元格 A2，设置了单元格以 C2:C4 为来源范围的序列输入模式

像这样，预先将单元格设置为序列输入模式，之后只要从选项中选择即可，不仅输入操作会更加轻松，也能避免输入错误信息。

比起将序列输入的来源范围放在同一张工作表中，另外准备一个工作表作为"选项表"，用来整合数据这种做法更加方便。

为单元格或多个单元格范围定义名称

另外，在【来源】栏中指定含有作为选项的数据的单元格范围时，除用鼠标直接选中范围外，还可以命名单元格范围后再指定。因为在 Excel 2003 以前的版本中，如果要将其他工作表的单元格作为"来源"使用，无法直接用鼠标操作选择范围来设置（Excel 2007 之后的版本中可以）。

Excel 可以给任意单元格或单元格范围命名。这种功能叫作"定义名称"。

比如说，将单元格范围 C2:C4 命名为"负责人选项表"。

1 选择单元格 C1 ➡【公式】选项卡 ➡ 点击【定义名称】

2 弹出"新建名称"的画面

3 在【名称】一栏中输入想命名的名称

运行这一功能后，能将选中的单元格的数值自动加入"名称"一栏中。如果想使用的数值已经存在于工作表的单元格中，那么直接选中该单元格即可。

4 如想要消除【引用位置】栏中原来的所有内容，可以用鼠标选择 C2:C4 范围，点击【确定】

5 于是 C2: C4 范围被命名为"负责人选项表"

在确认、编辑定义后的名称及其引用位置时，可以使用"名称管理器"。在【公式】选项卡中点击【名称管理器】后，就会看到以下画面，立刻就会知道名称和其对应的范围。

【名称管理器】画面

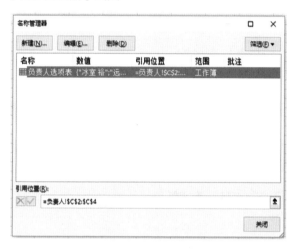

使用名称设定序列输入

接下来，试着使用这个名称设定序列输入吧。为此，我们要在序列输入设置的【来源】栏中使用【粘贴名称】的功能。具体的操作步骤如下。

1 选择单元格 A2，【数据】选项卡 ➡ 点击【数据验证】

2 【设置】选项卡 ➡ 在【允许】中选择【序列】

3 点击【来源】输入栏，按 F3 键弹出【粘贴名称】

4 选择【负责人选项表】后点击【确定】

5 【来源】栏中输入"= 负责人选项表",点击【确定】后
结束操作

这样做就可以在单元格范围内使用定义的名称设置序列输
入了。

在进行序列输入时经常会增减选项

像 C 列中的"负责人选项表"这类项目的选项，在实际工作中调整这个选项数量的情况其实非常普遍。如输入商品名称等操作，输入选项会因为商品的改动或下架有所调整。遇到这样的情况，如果"负责人选项表"所指定的范围是 C2:C4 这种固定范围的话，之后要在单元格 C5 中追加新的负责人名字，后者就无法出现在单元格 A2 的序列输入选项中。

输入新的负责人，无法显示在序列输入选项中

如此一来，想要把 C5 也放入指定范围中，我们需要再次设置【来源】指定的范围。如果不需要经常增减选项的话，这样的操作也不会花太多时间，但若是需要频繁修改【来源】的范围，那么就麻烦了。如果序列输入可以自动对应【来源】内容做出调整，即使需要频繁修改也不会觉得麻烦。

为此，请在"负责人选项表"名称的引用位置里输入如下公式：

=OFFSET(负责人!$C$1,1,0,COUNTA(负责人!$C:$C)-1,1)

引用位置中输入 =OFFSET(负责人!$C$1,1,0,COUNTA(负责人!$C:$C)-1,1)

这里使用的是 OFFSET 函数。这个函数非常重要，请务必掌握。这一函数的要点有两个：

- 确定作为基准的单元格，可理解为引用的单元格从这一位置"偏移"
- 以基准单元格偏移后为起点来指定单元格的范围

OFFSET 函数的公式：

【公式】

=OFFSET(基准单元格 , 偏移行数 , 偏移列数)

OFFSET 函数的语法为："从第一参数指定的单元格（基准单元格）开始，第二参数指定向上或向下偏移几行，第三参数指定从第二参数偏移后的位置向右或向左偏移几列"。第二参数为正数则向下移动，为负数则向上移动。第三参数为正数则向右移动，为负数则是向左移动。

下面来看一下使用案例吧。下图中的工作表 A1:D3 为以性别和课程来分类的费用表。

A1:D3 为以性别和课程来分类的费用表

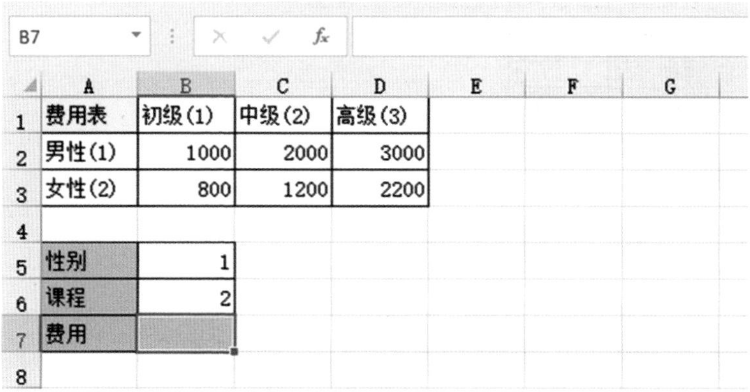

费用表	初级(1)	中级(2)	高级(3)
男性(1)	1000	2000	3000
女性(2)	800	1200	2200

性别	1
课程	2
费用	

男性为 1、女性为 2，并用括号括起来。每项各自以单元格 A1 为基准，男性的费用在单元格 A1 的下一行，女性的费用在单元格 A1 的下两行。

关于课程，初级为 1、中级为 2、高级为 3。也是以单元格 A1 为基准，初级在 A1 向右第一列，中级在 A1 向右第二列，高级在 A1 向右第三列。

这时，在单元格 B5 输入代表性别的数值，在单元格 B6 输入代表课程的数值，单元格 B7 中就会显示相应的费用金额。想要建立这种结构，需要在单元格 B7 输入以下函数公式：

=OFFSET(A1,B5,B6)

在单元格 B7 中输入 =OFFSET(A1,B5,B6)

B7		▼	⋮	×	✓	f_x	=OFFSET(A1,B5,B6)	

▲	A	B	C	D	E	F	G
1	费用表	初级(1)	中级(2)	高级(3)			
2	男性(1)	1000	2000	3000			
3	女性(2)	800	1200	2200			
4							
5	性别	1					
6	课程	2					
7	费用	2000					
8							
9							
10							

这个公式可以导出以单元格 A1 为基准，B5 指定的数字向下、B6 指定的数字向右偏移的单元格的值。

如上图所示，在第二参数单元格 B5 中输入 1，在第三参数指定的单元格 B6 中输入 2。如此一来，A1 向下偏移一格、再向右偏移两格……即指向 C2 的值。这利用的是 OFFSET 函数的基础逻辑：以第一参数指定的单元格为基准，第二参数指定的数字向下，再从这一位置以第三参数指定的数字向右移动至所指向的单元格。

第二参数指定的数字若为负数，则以第一参数为基准向上移动；第三参数指定的数字若为负数，则以第一参数为基准向左移动。

顺带一提，运用这一函数也可以解决"在 VLOOKUP 函数中，是否能获取位于检索列左侧的数值"这一问题（参考第 118 页）。

如何指定范围

另外，通过 OFFSET 函数，还能以从基准单元格开始按第二
参数数值向下、第三参数数值向右偏移的位置为起点，再次指定
范围。但是此时需再追加 2 个参数。

=OFFSET(基准单元格 , 偏移行数 , 偏移列数 , 高度 , 宽度)

在下表中，B 列为每天的销售额。在单元格 D1 中输入想要
知道从 1 号开始到第 *n* 天的累计销售额的天数，单元格 G1 就会
自动显示销售额数据。

	A	B	C	D	E	F	G	H	I
G1				fx	=SUM(OFFSET(B1,1,0,D1,1))				
1	日期	销售额		2	天的合计销售额：		29119		
2	1日	15436							
3	2日	13683							
4	3日	18165							
5	4日	19175							
6	5日	10024							
7	6日	18787							
8	7日	10983							
9	8日	10847							
10	9日	17166							
11	10日	13188							
12	11日	10378							
13	12日	13080							
14	13日	16040							
15	14日	13044							
16	15日	18943							

此表中，D1 的数值为 2，销售额 G1 中则显示 1 日—2 日两
天的累计销售额。

在单元格 G1 中，需要输入以下函数公式：

=SUM(OFFSET(B1,1,0,D1,1))

一般要计算数值的和，都会用到 SUM 函数，SUM 函数可计算出括号内指定的单元格范围内的和。SUM 函数括号内的 OFFSET 函数就是指定的单元格范围。

首先，我们只看 OFFSET 函数部分，确认它所指定的范围。这是以单元格 B1 为基准，向下移动 1 格、向右移动 0 格，也就是不向右移动。于是，偏移的目标单元格为 B2。

再以 B2 为起点，指向第四参数指定的行数（此表中单元格 D1 的值为 2，即 2 行）和第五参数指定的 1 列的范围（具体为 B2:B3）。

这里需要掌握的重要信息为：OFFSET 函数的第四参数指定的行数若发生变化，OFFSET 函数指定的范围也会有所变化。

OFFSET 函数所指定的范围，可利用"根据单元格 D1 的值，纵向扩展"这一点灵活应对。

- D1 值为 3 ➤ B2:B4
- D1 值为 5 ➤ B2:B6

应用这个方法，即便是序列输入模式，也可以应对【来源】范围中数据有所增加的情况，选项会自动增加。

那么接下来，我们再来看一下刚刚以"负责人选项表"为引用位置输入的公式。

=OFFSET(负责人!$C$1,1,0,COUNTA(负责人!$C:$C)-1,1)

我们来分析一下这个公式。首先，以"负责人"工作表中单元格 C1 为基准，然后以向下移动 1 格、向右移动 0 格的目标单元格，即单元格 C2 为起点建立范围。

想要指定这个范围的行数，需要使用 COUNTA 函数。通过 COUNTA 函数，将整个 C 列的含数据的单元格的行数减去 1。由于 C 列中含数据的单元格中含有第一行"负责人选项表"这一项目，因此需要减去这一行。

然后，用第五参数指定范围的宽度为 1。

第四参数的 COUNTA 函数所取的一般是整个 C 列中含数据的行数减 1 后得到的数字，所以当 C 列中追加负责人后，"负责人选项表"的范围也应自动进行相应的扩大。

如此一来，单元格指定范围的"负责人选项表"下的数据，与单元格 A2 的菜单中的下拉选项的数据就一致了。

"负责人选项表"与单元格 A2 的菜单中的下拉选项的数据一致

掌握正确操作排序、自动筛选、数据透视表的条件

- 在某间医院，癌症检查结果的数据排序失败，导致患者收到了错误的检查结果。针对这件事的记者招待会在日本全国播放
- 在某个自治体，家乡税的纳税人和个人号码的相关数据排序失败，导致纳税人收到了他人的个人号码
- 数据透视表中收集的数据范围出现错误，导致公开了错误的销售信息

上述都是没有遵守第 172 页介绍的数据库形式的规则导致的出现严重事态的失败案例。为了确保排序、自动筛选、数据透视表等"数据库功能"能够正常运转，遵守数据库形式的规则是十分必要的。接下来，我们来再次确认一下吧。

数据库范例

A1	▼	:	×	✓	fx	日期		
	A	B	C	D	E	F	G	H
1	日期	负责人	商品代码	数量	销售额			
2	2020/4/1	冰室	A002	7	9800			
3	2020/4/2	远藤	A002	6	8400			
4	2020/4/3	熊泽	C002	6	120			
5	2020/4/4	内山	B001	5	13000			
6	2020/4/5	内山	A001	11	22000			
7	2020/4/6	冰室	A002	8	11200			
8	2020/4/7	远藤	A002	18	25200			
9	2020/4/8	熊泽	C002	20	400			
10	2020/4/9	内山	A002	17	23800			

像这样的格式，就是数据库了，可以正常运作排序、自动筛
选功能。让我们来尝试一下，在这个表格范围内选择其中一个单
元格，按住 Ctrl + A ，整个表格都会被选中。

按下 Ctrl + A ，选中整个含有数据的表格

	A	B	C	D	E	F	G	H	I	J
1	日期	负责人	商品代码	数量	销售额					
2	2020/4/1	冰室	A002	7	9800					
3	2020/4/2	远藤	A002	6	8400					
4	2020/4/3	熊泽	C002	6	120					
5	2020/4/4	内山	B001	5	13000					
6	2020/4/5	内山	A001	11	22000					
7	2020/4/6	冰室	A002	8	11200					
8	2020/4/7	远藤	A002	18	25200					
9	2020/4/8	熊泽	C002	20	400					
10	2020/4/9	内山	A002	17	23800					
11										
12										

也就是说，数据库功能的目标范围一直延伸到数据最下面
一行。

为了方便大家理解，现在和中间有空白行的表格做比较。如
下表，中间存在空白行，在空白行上方范围内选中某个单元格，
按下 Ctrl + A 。

中间存在空白行，按下 Ctrl + A 后

	A	B	C	D	E	F	G	H	I
1	日期	负责人	商品代码	数量	销售额				
2	2020/4/1	冰室	A002	7	9800				
3	2020/4/2	远藤	A002	6	8400				
4	2020/4/3	熊泽	C002	6	120				
5	2020/4/4	内山	B001	5	13000				
6	2020/4/5	内山	A001	11	22000				
7									
8	2020/4/6	冰室	A002	8	11200				

空白行下面的部分并不被识别为同一数据库范围，也就是说无法执行排序、自动筛选等操作。如果在进行排序和自动筛选时发现有些数据并不在范围内，就要仔细确认表格中间是否存在空白行。

简单的排序方法

在确认排序的必要条件后，我们以按照日期顺序排列为例来看一下排序的具体操作步骤。有简易的方法与详细的方法，我首先介绍一下简单方法。

1 选择"商品代码"项目下的任意单元格

请在表格内选择想作为排序基准的任意列下的单元格。

2 【数据】选项卡 ➜ 点击【排序】标志左侧的【升序】

详细的排序方法

如果排序标准只有 1 个的话，可以使用简单方法。但是如果标准有 2 个或更多，就要使用详细方法了。操作顺序如下：

1 任意点击想要排序表格中的一个单元格（表中的任意单元格）

2【数据】选项卡 ➜ 点击【排序】

3 在【主要关键字】中选择【日期】

4 在【次序】中选择【升序】

5 选中【数据包含标题】

6 点击【确定】

当存在多个排序条件时，点击【添加条件】，可以追加条件。

无法正常排序的常见原因

即使满足数据库形式的条件，且按照上述顺序操作，也可能无法正常排序。无法正常排序的原因和处理方法如下：

想要只对选中的单元格内的内容进行排序，请先检查是否勾选了【数据包含标题】。如果有，这一范围第一行不会作为排序对象，无法正常排序。

相反，如果对包含标题的数据内容进行排序，却没有勾选

【数据包含标题】这个选项，那么，项目行也会被视为排序数据，数据的顺序就会错乱。

　　如果用简单的方法排序后觉得数据有问题，可按 Ctrl + Z 先恢复原状，再用详细的方法确认是否勾选了"数据包含标题"。

数据显示的特殊方法——用户自定义

输入单元格的数据，可以设定为多种表现形式，即通过【设置单元格格式】中的【自定义】来实现。那么，它到底能做到些什么事情呢？

- 自动以"千日元"为单位显示金额
- 输入公司名称后，自动添加"公启"二字
- 在计算每小时的工资时，工作时间超过 24 小时的情况下，使时间数值以"25:00"的形式显示（一般情况下，每过 24 小时自动归零，25:00 会显示为"1:00"）

首先，选择想要设置的单元格，按 Ctrl + 1 打开【设置单元格格式】。一定要牢记这个快速打开单元格格式设置的方法（请勿按数字键盘上的"1"）。

Ctrl + 1 打开【设置单元格格式】

【设置单元格格式】选项卡中的【数字】中选择【自定义】，右侧出现【类型】输入栏。对输入的值，就可以进行不同的设定。接下来，我们逐个看一下。

如何以千日元为单位表示较大金额

在销售额的资料中，金额多数是以千日元为单位表示的。也就是说，1,000,000 要以"1,000"来显示。

下表中，单元格 A1 虽然是 1,000，但在编辑栏中却是1000000。实际输入的是 100 万日元，因为单元格是以千日元为单位，才会出现这样的情况。

输入 1000000，以"1,000"显示

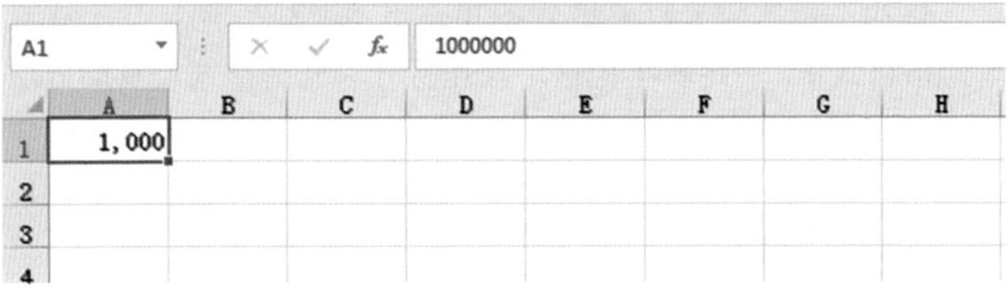

想要进行这一设置，可以在【数字】的【自定义】中的【类型】栏中输入如下内容。

#,###,

"井号，逗号，3 个井号，逗号。"

然后，在编辑栏中输入 1000000，单元格内就会显示为1,000。

当然，这种情况下，需要在表格外侧标上"单位：千日元"等注释。但是请注意一点，不要认为以"千日元"为单位表示50000的销售额，就可以直接在单元格中输入50。

另外，想以100万日元为单位表示数值的话，可以在【数字】【自定义】的【类型】栏中输入以下内容。

#,###,,

如何在有公司名的单元格内自动添加"公启"二字

在订单中的收件人姓名栏等单元格中，如果可以在收件人地址栏自动添加"公启"的话，就不会忘记输入了。这时，我们可以在【数字】的【自定义】中的【类型】栏中输入以下内容。

@ 公启

@ 符号后面输入的值，表示会在单元格中的值后显示的内容。

在这个例子中，@ 符号加上一个半角空格后输入"公启"二字。通过这个方法，比如"大大改善股份有限公司 公启"，公司名与"公启"二字之间自动留有半角空格。

设置完毕后，在 A1 中输入公司名称，就会自动添加"公启"。

公司名称之后添加"公启"

但是，这只是改变了显示形式而已，实际在单元格中输入的内容依然是"大大改善股份有限公司"，一定要牢记这一点。

在超过 24 小时的情况下，如何显示"25:00"这样的时间

用 Excel 计算时间的时候，有一些需要注意的内容。

首先最基本的一点就是以半角数字输入"9:00"后，Excel 中会自动认定该数据为时间数据。

比如要计算工作时间等时长，可以以终止时间减去开始时间来处理。

以终止时间减去开始时间，算出中间经过的时长

	A	B	C	D	E	F	G
			fx	=C2-B2			
1	日期	上班时间	下班时间	工作时间			
2	1	9:00	18:00	9:00			
3	2	9:00	18:00	9:00			
4	3	9:00	18:00	9:00			
5	4	9:00	18:00	9:00			
6	5	9:00	18:00	9:00			
7			总计	21:00			
8							

问题在于统计时长。

下页表中的单元格 D7 的数据为计算单元格 D2:D6 数据的 SUM 函数。合计数为 9（小时）× 5=45（小时）。但是，单元格 D7 中却为"21:00"。

结果本应是 45 小时，表格中却显示 21:00

D7				fx	=SUM(D2:D6)		

	A	B	C	D	E	F	G	H
1	日期	上班时间	下班时间	工作时间				
2	1	9:00	18:00	9:00				
3	2	9:00	18:00	9:00				
4	3	9:00	18:00	9:00				
5	4	9:00	18:00	9:00				
6	5	9:00	18:00	9:00				
7			总计	21:00				

那么，为什么明明答案是 45 小时，表格中却显示为 21 小时呢？

这是因为在 Excel 中一般默认时间数据的范围为 0:00—23:59，只要总计时间超过 24 个小时，在第 24 个小时会自动回到 0:00。当然这只是显示问题，实际计算结果还是 45 个小时。但是，表面上，我们看到的仍然是计算错误的数值。

想要显示实际的时长，在【数字】➝【自定义】的【类型】栏中输入以下数值。

[h]:mm

这样一来，就能显示实际时长了。

显示实际时长

D7				fx	=SUM(D2:D6)			

	A	B	C	D	E	F	G	H	I
1	日期	上班时间	下班时间	工作时间					
2	1	9:00	18:00	9:00					
3	2	9:00	18:00	9:00					
4	3	9:00	18:00	9:00					
5	4	9:00	18:00	9:00					
6	5	9:00	18:00	9:00					
7			总计	45:00					
8									

此外，还可以在【数字】的【自定义】中的【类型】栏中输入 00，这样数字 1 就变为 01；输入 000，数字 1 则变为 001。像这样，也可以更改显示格式。

- 00 → 数字 1 显示为 "01"
- 000 → 数字 1 显示为 "001"

如何运用"选择性粘贴"

在 Excel 中"copy+paste"除有复制粘贴功能外，还能将许多处理变得更加简单，那就是"选择性粘贴"。

通常提到的"copy+paste"，即按 Ctrl + C 复制，按 Ctrl + V 粘贴（如果你只会通过单击鼠标右键来复制粘贴，请务必尽快记住这两组快捷键）。但是，单击鼠标右键后选择"选择性粘贴"，会弹出下图的窗口。当有"不复制格式""更换表格纵向和横向的内容"等需求时，这个选项非常有帮助。

下面，我将给大家介绍一些在实际工作中经常会用到的技巧。

【选择性粘贴】的窗口

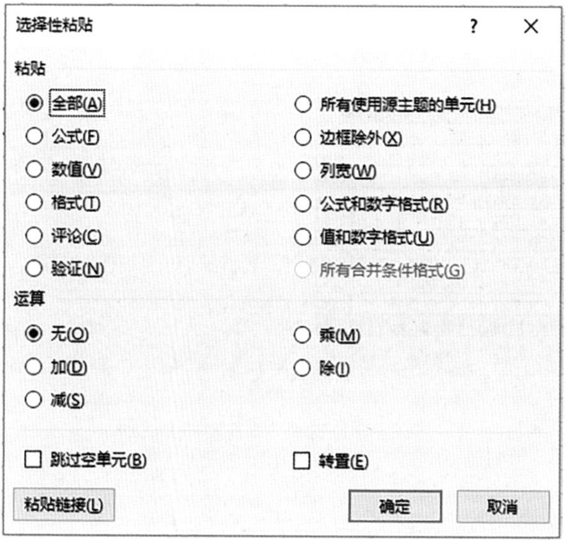

数值

含有许多函数的 Excel 文件，体积会变得很大。添加在邮件的附件中，有时可能会导致无法正常发送邮件。这时，可以删除单元格中的公式，只保留运算结果，如此就能让文件的体积变小。这种操作就是直接粘贴"数值"。

为了删掉工作表中所有的公式，可以按照复制整个工作表 →粘贴数值这样的步骤操作。

1 点击工作表的左上角，选中整个工作表

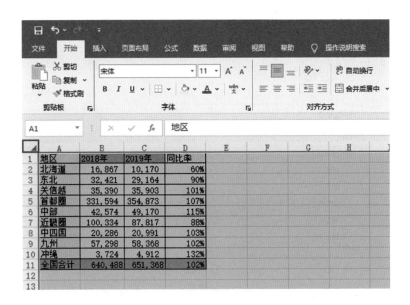

2 将光标移到单元格 A1 并点击鼠标右键 ➜ 点击【选择性粘贴】

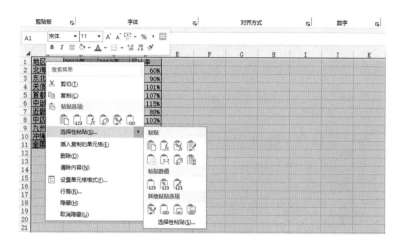

3 选择【数值】，点击【确定】

在复制单元格时，通常会把格式（框线、单元格、文字的颜色等）也一同复制到当前单元格中。但是，选择粘贴数值的话，

会只保留数值部分而不复制格式。

四则运算（加法、减法、乘法、除法）

如下表，"B 列与 C 列的数字实际上变成了千分之一的显示形式，想将这些数据转换为当前数值的 1000 倍"。

	A1		×	✓	fx	地区			

▲	A	B	C	D	E	F	G	H
1	地区	2018年	2019年	同比率				
2	北海道	16,867	10,170	60%				
3	东北	32,421	29,164	90%				
4	关信越	35,390	35,903	101%				
5	首都圈	331,594	354,873	107%				
6	中部	42,574	49,170	115%				
7	近畿圈	100,334	87,817	88%				
8	中四国	20,286	20,991	103%				
9	九州	57,298	58,368	102%				
10	冲绳	3,724	4,912	132%				
11	全国合计	640,488	651,368	102%				

如果事先掌握【选择性粘贴】功能中【运算】选项的使用方法，这个工作就会变得很简单。

1 在其他空白单元格里输入 1000 并复制

	F1		×	✓	fx	1000	

▲	A	B	C	D	E	F	G
1	地区	2018年	2019年	同比率		1000	
2	北海道	16,867	10,170	60%			
3	东北	32,421	29,164	90%			
4	关信越	35,390	35,903	101%			
5	首都圈	331,594	354,873	107%			
6	中部	42,574	49,170	115%			
7	近畿圈	100,334	87,817	88%			
8	中四国	20,286	20,991	103%			
9	九州	57,298	58,368	102%			
10	冲绳	3,724	4,912	132%			
11	全国合计	640,488	651,368	102%			

2 选择要显示成 1000 倍的数据的单元格范围（B2:C11）➜
单击鼠标右键，选择【选择性粘贴】

3 选择【数值】和【乘】➜ 点击【确定】

选择性粘贴	? ×
粘贴	
○ 全部(A)	○ 所有使用源主题的单元(H)
○ 公式(F)	○ 边框除外(X)
◉ 数值(V)	○ 列宽(W)
○ 格式(T)	○ 公式和数字格式(R)
○ 评论(C)	○ 值和数字格式(U)
○ 验证(N)	○ 所有合并条件格式(G)
运算	
○ 无(O)	◉ 乘(M)
○ 加(D)	○ 除(I)
○ 减(S)	
□ 跳过空单元(B)	□ 转置(E)
粘贴链接(L)	确定　取消

4 粘贴范围内的数值都乘了 1000

	A	B	C	D	E	F	G	H
	地区	2018年	2019年	同比率		1000		
1								
2	北海道	16,867,000	10,170,000	60%				
3	东北	32,421,000	29,164,000	90%				
4	关信越	35,390,000	35,903,000	101%				
5	首都圈	331,594,000	354,873,000	107%				
6	中部	42,574,000	49,170,000	115%				
7	近畿圈	100,334,000	87,817,000	88%				
8	中四国	20,286,000	20,991,000	103%				
9	九州	57,298,000	58,368,000	102%				
10	冲绳	3,724,000	4,912,000	132%				
11	全国合计	640,488,000	651,368,000	102%				
12								
13								
14								

B2 / 16867000

像这样，想要对已经存在于表格中的数值进行四则运算，可以按照上述方法处理。

交换行与列

例如，想要"调换下表中的纵向和横向的内容"时，应该怎么办？

	A	B	C	D	E	F	G
1	地区	2018年	2019年	同比率			
2	北海道	16,867	10,170	60%			
3	东北	32,421	29,164	90%			
4	关信越	35,390	35,903	101%			
5	首都圈	331,594	354,873	107%			
6	中部	42,574	49,170	115%			
7	近畿圈	100,334	87,817	88%			
8	中四国	20,286	20,991	103%			
9	九州	57,298	58,368	102%			
10	冲绳	3,724	4,912	132%			
11	全国合计	640,488	651,368	102%			
12							

Excel 中配备了"纵向数据变为横向"，以及"横向数据变为纵向"的功能——转置。

1 选择表格范围 ➡ 按 `Ctrl` + `C` 复制

A1	⋮	×	✓	f_x	地区			

◢	A	B	C	D	E	F	G
1	地区	2018年	2019年	同比率			
2	北海道	16,867	10,170	60%			
3	东北	32,421	29,164	90%			
4	关信越	35,390	35,903	101%			
5	首都圈	331,594	354,873	107%			
6	中部	42,574	49,170	115%			
7	近畿圈	100,334	87,817	88%			
8	中四国	20,286	20,991	103%			
9	九州	57,298	58,368	102%			
10	冲绳	3,724	4,912	132%			
11	全国合计	640,488	651,368	102%			

2 选中粘贴目标单元格并单击鼠标右键 ➡ 点击【选择性粘贴】

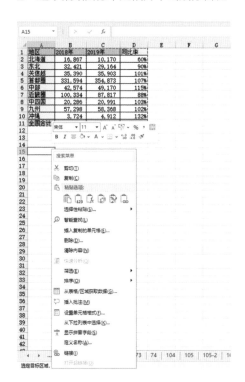

3 勾选【转置】，点击【确定】

这样就能在任意位置制作出交换了纵向和横向内容的新表。

交换了纵向和横向的内容，获得新的表格

地区	2018年	2019年	同比率
北海道	16,867	10,170	60%
东北	32,421	29,164	90%
关信越	35,390	35,903	101%
首都圏	331,594	354,873	107%
中部	42,574	49,170	115%
近畿圏	100,334	87,817	88%
中四国	20,286	20,991	103%
九州	57,298	58,368	102%
冲绳	3,724	4,912	132%
全国合计	640,488	651,368	102%

地区	北海道	东北	关信越	首都圏	中部	近畿圏	中四国	九州	冲绳	全国合计
2018年	16,867	32,421	35,390	331,594	42,574	100,334	20,286	57,298	3,724	640,488
2019年	10,170	29,164	35,903	354,873	49,170	87,817	20,991	58,368	4,912	651,368
同比率	60%	90%	101%	107%	115%	88%	103%	102%	132%	102%

　　另外，利用这个方法，可以瞬间完成"将纵向数据改为横向"或是"将横向数据改为纵向"的工作。

例如，A 列第 1—10 行中的数据为纵向排列，想要将它们变为横向排列的时候，也可使用【转置】功能。

1 选择单元格范围 A1:A10 ➤ 按 **Ctrl** + **C** 复制

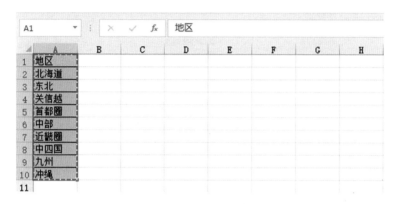

2 选中单元格 B1 并单击鼠标右键 ➤ 点击【选择性粘贴】

3 勾选【转置】，点击【确定】

4 A 列中的数据变为从 B1 开始向右横向排列的形式

5 删除 A 列，去掉纵向数据后，呈现为完全是横向的数据

此外，这个【转置】功能，粘贴的目标单元格与复制的范围的起点不能是同一单元格。请注意这一点。

引用单元格的数值有变化，而计算结果没有改变

下表中，单元格 A3 中含有统计 A1 与 A2 总和的 SUM 函数。因为是 400+300，所以总和为 700。

在单元格 A3 中输入公式 =SUM(A1:A2)

现在，我们尝试将 A2 的值改为 400。按回车后，A3 中的值本应该是 400+400=800，但 A3 中却还是显示为 700。

将单元格 A2 中的数值改为 400，单元格 A3 中也不会显示为 800

　　像这样，在含有公式的单元格中，即便它们引用的单元格的值有所改变，这一变化也不会体现在计算结果中的现象时有发生。这是因为 Excel 中存在"计算选项"这一设置。计算选项分为"自动"与"手动"两种。一般情况下都是"自动"状态，但如果是处于"手动"状态，就会发生上述情况。也就是说，原因在于计算处于非"自动"状态。

　　那么，如何改为"手动"呢？按 F9 键可以进行"再次处理"，函数公式引用的单元格的数值有了变化，就会反映在计算结果中。但是多数情况下，我们不会见到这样麻烦的设置。

　　问题在于，默认应该是"自动"的状态，为什么会突然变成"手动"呢？也许你也会很在意发生这种情况的原因，但是比起追究为什么会发生这样的状况，我们更应该知道"如何回到自动状态"。

1【公式】选项卡 ➜ 点击【计算选项】后，出现【自动】与【手动】的选项栏

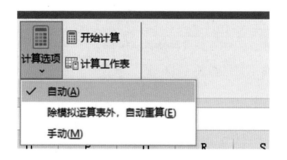

2　如发现勾选了【手动】，请点击【自动】

快速处理复杂数据

按单元格分割 CSV（逗号分隔值）数据

像下面这种用逗号隔开的数据，如果不将其分割到不同单元格，Excel 就无法正常处理。

用逗号隔开的数据

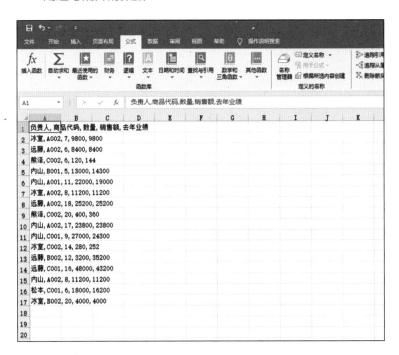

这里希望大家一定要知道的功能是"数据分列"。操作方法如下。

1 选中整个 A 列

| A1 | ▼ | ： | × ✓ fx | 负责人,商品代码,数量,销售额,去年业绩 |

	A	B	C	D	E	F	G	H
1	负责人, 商	品代码, 数量, 销售额, 去年业绩						
2	冰室, A002	7, 9800, 9800						
3	远藤, A002	6, 8400, 8400						
4	熊泽, C002	6, 120, 144						
5	内山, B001	5, 13000, 14300						
6	内山, A001	11, 22000, 19000						
7	冰室, A002	8, 11200, 11200						
8	远藤, A002	18, 25200, 25200						
9	熊泽, C002	20, 400, 360						
10	内山, A002	17, 23800, 23800						
11	内山, C001	9, 27000, 24300						
12	冰室, C002	14, 280, 252						
13	远藤, B002	12, 3200, 35200						
14	远藤, C001	16, 48000, 43200						
15	内山, A002	8, 11200, 11200						
16	松本, C001	6, 18000, 16200						
17	冰室, B002	20, 4000, 4000						
18								

2【数据】选项卡 → 点击【分列】后弹出画面【文本分列向导】，选定【分隔符号】，按【下一步】

3 在【分隔符号】中勾选【逗号】，点击【完成】

这样一来，每个逗号两边的数据就被导入不同的单元格中了。

每个逗号两边的数据被导入相应的单元格中

	A	B	C	D	E	F	G	H	I	J
1	负责人	商品代码	数量	销售额	去年业绩					
2	冰室	A002	7	9800	9800					
3	远藤	A002	6	8400	8400					
4	熊泽	C002	6	120	144					
5	内山	B001	5	13000	14300					
6	内山	A001	11	22000	19000					
7	冰室	A002	8	11200	11200					
8	远藤	A002	18	25200	25200					
9	熊泽	C002	20	400	360					
10	内山	A002	17	23800	23800					
11	内山	C001	9	27000	24300					
12	冰室	C002	14	280	252					
13	远藤	B002	12	3200	35200					
14	远藤	C001	16	48000	43200					
15	内山	A002	8	11200	11200					
16	松本	C001	6	18000	16200					
17	冰室	B002	20	4000	4000					
18										
19										

如何在多个空白单元格中输入相同数值

"想在表格内所有的空白单元格中同时输入相同的文字。"

有一个办法可以快速完成这些看起来很麻烦的操作，就是"同时选中指定格式的单元格"。

Excel 中有"定位"功能，使用这一功能，就能瞬间完成复杂的操作。

如下表，在"负责人"这一列中存在空白的单元格。

在 B 列"负责人"这一列中存在空白的单元格

	A	B	C	D	E	F	G	H	I
1	日期	负责人	数量	销售额					
2	2020/4/1	冰室	7	9800					
3	2020/4/2	远藤	6	8400					
4	2020/4/3	熊泽	6	120					
5	2020/4/4	内山	5	13000					
6	2020/4/5		11	22000					
7	2020/4/6	冰室	8	11200					
8	2020/4/7	远藤	18	25200					
9	2020/4/8	熊泽	20	400					
10	2020/4/9	内山	17	23800					
11	2020/4/10		17	23800					
12	2020/4/11	冰室	9	27000					
13	2020/4/12	远藤	14	280					
14	2020/4/13		12	3200					
15	2020/4/14	内山	16	48000					
16	2020/4/15	松本	8	11200					
17	2020/4/16	冰室	6	18000					
18	2020/4/17		13	39000					
19	2020/4/18	熊泽	20	60000					
20	2020/4/19	内山	13	39000					

这时，我们需要完成"在空白单元格中输入与上一个单元格相同的值"的操作。如果逐个去选中并复制粘贴，显然十分麻烦。

这时，可以"同时选中指定格式的单元格"，然后在被选中的多个单元格内输入相同值。具体的操作方法如下。

1 选中表内单元格，按快捷键 **Ctrl** + **G** 打开【定位】，接着点击【定位条件】选项卡

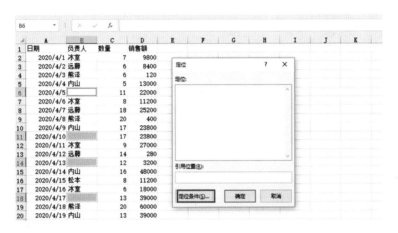

2 【选择】中选择【空值】，点击【确定】

3 表格内所有的空白单元格都被选中了。这时请注意，只有 B6 是白色（即活动单元格）

▲	A	B	C	D	E	F	G	H	I	J
1	日期	负责人	数量	销售额						
2	2020/4/1	布袋	7	9800						
3	2020/4/2	远藤	6	8400						
4	2020/4/3	熊泽	6	120						
5	2020/4/4	内山	5	13000						
6	2020/4/5		11	22000						
7	2020/4/6	布袋	8	11200						
8	2020/4/7	远藤	18	25200						
9	2020/4/8	熊泽	20	400						
10	2020/4/9	内山	17	23800						
11	2020/4/10		17	23800						
12	2020/4/11	布袋	9	27000						
13	2020/4/12	远藤	14	280						
14	2020/4/13		12	3200						
15	2020/4/14	内山	16	48000						
16	2020/4/15	松本	8	11200						
17	2020/4/16	布袋	6	18000						
18	2020/4/17		13	39000						
19	2020/4/18	熊泽	20	60000						
20	2020/4/19	内山	13	39000						

4 在单元格 B6 中输入等号（＝）➡ 按向上箭头键（↑）。于是，选中的单元格中唯一的活动单元格 B6 里会出现可编辑的画面，内容为 "=B5"

▲	A	B	C	D	E	F	G	H	I	J
1	日期	负责人	数量	销售额						
2	2020/4/1	冰室	7	9800						
3	2020/4/2	远藤	6	8400						
4	2020/4/3	熊泽	6	120						
5	2020/4/4	内山	5	13000						
6	2020/4/5	=B5	11	22000						
7	2020/4/6	冰室	8	11200						
8	2020/4/7	远藤	18	25200						
9	2020/4/8	熊泽	20	400						
10	2020/4/9	内山	17	23800						
11	2020/4/10		17	23800						
12	2020/4/11	冰室	9	27000						
13	2020/4/12	远藤	14	280						
14	2020/4/13		12	3200						
15	2020/4/14	内山	16	48000						
16	2020/4/15	松本	8	11200						
17	2020/4/16	冰室	6	18000						
18	2020/4/17		13	39000						
19	2020/4/18	熊泽	20	60000						
20	2020/4/19	内山	13	39000						

5 按 `Ctrl` + `Enter` 打开"同时输入多个单元格"的界面，可以在所有被选中的单元格中做相同的输入

	A	B	C	D	E	F	G	H	I
1	日期	负责人	数量	销售额					
2	2020/4/1	冰室	7	9800					
3	2020/4/2	远藤	6	8400					
4	2020/4/3	熊泽	6	120					
5	2020/4/4	内山	5	13000					
6	2020/4/5	内山	11	22000					
7	2020/4/6	冰室	8	11200					
8	2020/4/7	远藤	18	25200					
9	2020/4/8	熊泽	20	400					
10	2020/4/9	内山	17	23800					
11	2020/4/10	内山	17	23800					
12	2020/4/11	冰室	9	27000					
13	2020/4/12	远藤	14	280					
14	2020/4/13	远藤	12	3200					
15	2020/4/14	内山	16	48000					
16	2020/4/15	松本	8	11200					
17	2020/4/16	冰室	6	18000					
18	2020/4/17	冰室	13	39000					
19	2020/4/18	熊泽	20	60000					
20	2020/4/19	内山	13	39000					

B6 = =B5

如何同时修正或删除多个相同模式的数据
——查找与替换

"想要统一修改相同的错字。"

"想要统一删除相同的文字。"

这时，如果逐个修改会浪费大量的时间。像这样的操作一定要善用 Excel 中的功能来解决，这样才能快速推进接下来的工作。

为此，我们需要使用"查找与替换"功能。

如下页表，在 B 列的"负责人"一栏中，想要将"冰室"改成"布袋"，该怎么做呢？

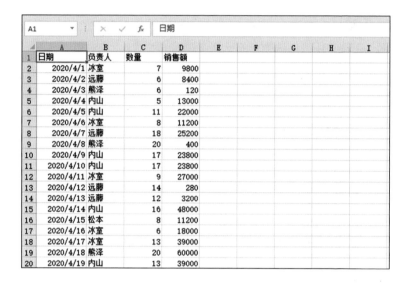

逐个修改当然很麻烦，所以要统一把"冰室"替换为"布袋"。

1 按 `Ctrl` + `H` ，启动【替换】

2 【查找内容】中输入"冰室"，【替换为】中输入"布袋"，然后点击【全部替换】

3 接着会弹出提醒你替换（即修改）了多少个单元格的通知窗口，点击【确定】

4 点击【查找与替换】窗口下的【关闭】按钮，发现原本内容为"冰室"的单元格都替换为了"布袋"

	A	B	C	D	E	F	G	H	I	J
1	日期	负责人	数量	销售额						
2	2020/4/1	布袋	7	9800						
3	2020/4/2	远藤	6	8400						
4	2020/4/3	熊泽	6	120						
5	2020/4/4	内山	5	13000						
6	2020/4/5	内山	11	22000						
7	2020/4/6	布袋	8	11200						
8	2020/4/7	远藤	18	25200						
9	2020/4/8	熊泽	20	400						
10	2020/4/9	内山	17	23800						
11	2020/4/10	内山	17	23800						
12	2020/4/11	布袋	9	27000						
13	2020/4/12	远藤	14	280						
14	2020/4/13	远藤	12	3200						
15	2020/4/14	内山	16	48000						
16	2020/4/15	松本	8	11200						
17	2020/4/16	布袋	6	18000						
18	2020/4/17	布袋	13	39000						
19	2020/4/18	熊泽	20	60000						
20	2020/4/19	内山	13	39000						
21										

删除所有相同文字

【查找与替换】，是将输入在【查找内容】中的字符串置换为【替换为】内容的功能，而当【替换为】是空白，【查找内容】中的内容就会变成空白……也就是删除该内容。并且，这种替换功能，实际上还能用于由公式构成的字符串。

下表中，D 列的构成比单元格中，包含有以分母为绝对引用的除法公式。在单元格 D3 中含有以下公式：

=C3/$C$12

在单元格 D3 中输入 =C3/$C$12

D3	▼	:	✕	✓	*fx*	=C3/$C$12			
◢	A	B	C	D	E	F	G	H
1		年度总计						
2	地区	2018年计	2019年计	构成比				
3	北海道	16,867	10,170	2%				
4	东北	32,421	29,164	4%				
5	关信越	35,390	35,903	6%				
6	首都圈	331,594	354,873	54%				
7	中部	42,574	49,170	8%				
8	近畿圈	100,334	87,817	13%				
9	中四国	20,286	20,991	3%				
10	九州	57,298	58,368	9%				
11	冲绳	3,724	4,912	1%				
12	全国合计	640,488	651,368	100%				
13								

将单元格 D3 输入的公式一直复制到 D12，分母也不会从 C12 偏离，还是正常的除法计算。

在单元格 D3:D12 的范围内，想要去掉分母中的 $ 符号，可以按照以下步骤操作。

1 选择想要进行替换的范围（此例中为 D3:D12）

2 按 `Ctrl` + `H` 打开【查找与替换】

3 【查找内容】输入"$",【替换为】则保持空白状态,点击【全部替换】

4 可以看到公式中的 $ 符号被删除了

像这样的"查找与替换"功能需要先行选择范围,然后才能只在这个范围内进行替换操作。如果未选中范围,就会以整个工作表为范围进行替换,请务必注意。

必须掌握的快捷操作

同时打开多个窗口（Excel 2010 之前的版本）

在使用 Word 和 PowerPoint 时，可以同时在多个窗口中打开多个文件，但是 Excel 2010 之前的版本只能在同一个窗口打开多个文件。如果需要同时查看两个文件的内容的话，非常不方便。

如果想要在多个窗口打开文件，可以按照以下步骤操作。

1 在已经打开文件的状态下，重新点击启动 Excel

2 用"新窗口"打开另一个 Excel 文件

3 拖拽这个"新窗口"的位置，就可以在两个不同窗口同时显示两个文件

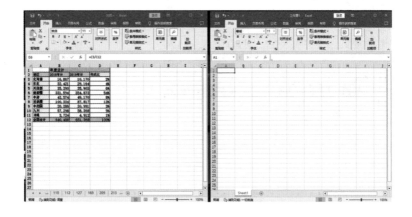

如何缩小体积较大的文件

看起来表格中并没有存在大量的数据，但是文件的体积却越来越大。这说明表格里包含了许多看不见的多余信息。

如果遇见明明没有录入大量的数据，但文件的体积却异常大的情况，请在文件内的各个工作表中确认"最后一个单元格"的位置，这样可以确认是否存在异常情况。"最后一个单元格"是指位于工作表中有效范围内的右下方的单元格。

如下表，含有具体数据的单元格的范围内位于右下的单元格是 E15，它就是这张工作表的"最后一个单元格"。

最后一个单元格为 E15 的表格

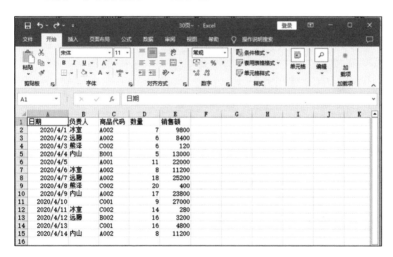

可以使用定位功能确认"最后一个单元格"的位置。用快捷键 Ctrl + End 也可同样定位"最后一个单元格"，我在此说明一下启动定位功能的方法。

1 按 `Ctrl` + `G` 打开【定位】➔ 点击【定位条件】

2 选择【最后一个单元格】，点击【确定】

于是，工作表中最后一个单元格 E15 处于被选中的状态。

最后一个单元格 E15 处于被选中的状态

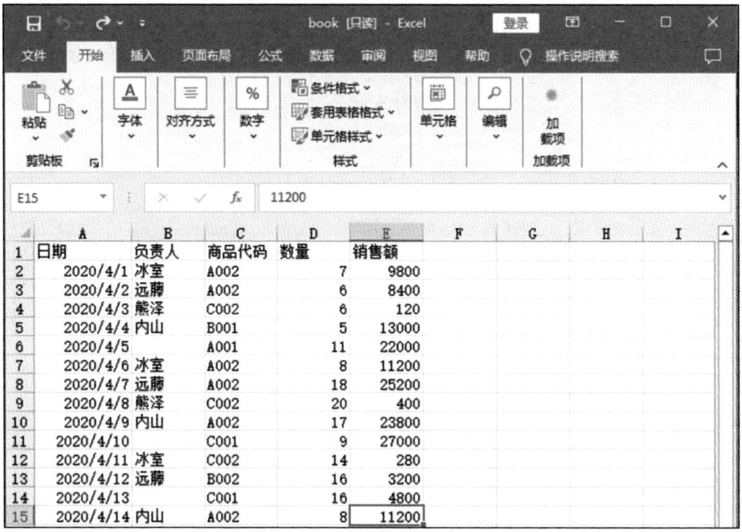

	A	B	C	D	E
1	日期	负责人	商品代码	数量	销售额
2	2020/4/1	冰室	A002	7	9800
3	2020/4/2	远藤	A002	6	8400
4	2020/4/3	熊泽	C002	6	120
5	2020/4/4	内山	B001	5	13000
6	2020/4/5		A001	11	22000
7	2020/4/6	冰室	A002	8	11200
8	2020/4/7	远藤	A002	18	25200
9	2020/4/8	熊泽	C002	20	400
10	2020/4/9	内山	A002	17	23800
11	2020/4/10		C001	9	27000
12	2020/4/11	冰室	C002	14	280
13	2020/4/12	远藤	B002	16	3200
14	2020/4/13		C001	16	4800
15	2020/4/14	内山	A002	8	11200

这样就说明此表处于正常状态，并没有多余信息。

但是，如果有多余数据的话，就会呈现下页图的状态。这是对图中的表格进行了相同的操作的结果。我们可以发现最后一个单元格位于距离有效范围很远的地方（此表中位于 G 列第 65531 行的单元格）。

G 列第 65531 行的单元格被选中

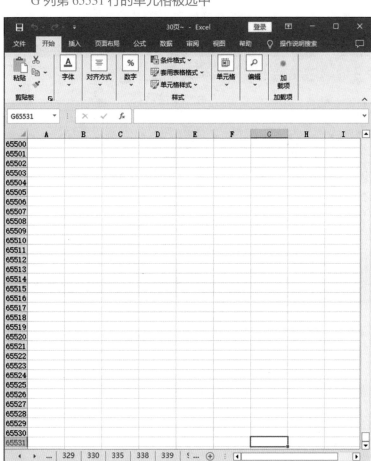

　　这时，说明这之前不知道进行了何种操作，导致原本应该到第 15 行为止的有效范围一直被延伸到了最下方，也就是存在无法直接显示的数据。像这样的情况，只要删除那些多余的数据，就能够缩小文件的体积。具体的操作步骤如下。

1 选中"最后一个单元格"的所在行

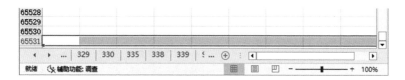

2 同时按下 Ctrl 和 Shift 后，按向上箭头键。于是，到有效范围最后一行——第 15 行为止的所有行都被选中了

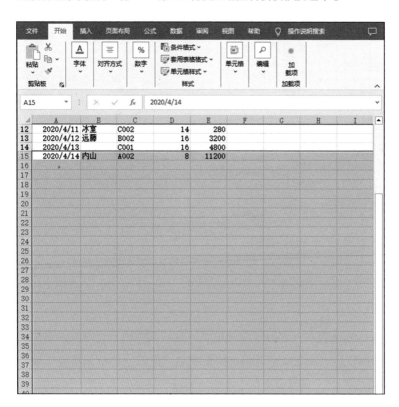

3 在只按住 Shift 键的状态下，按向下箭头，这样选择范围就少了 1 行，变为从第 16 行开始。然后单击鼠标右键，在菜单中选择【删除】，删去选中的范围（或者按 Ctrl + - ）

完成以上步骤后，请务必记得保存。保存之后才能使文件的体积变小。

通过观察右侧的滚动条也能够确认文件中是否含有不直接显示的信息。第 258 页和第 257 页都是"最后一个单元格处于被选中的状态"，通过对比位于这两张表格右侧的滚动条，我们可以发现后者处于正常状态。因为没有存在大量的数据，所以滚动条能够上下滚动的幅度也很小。一般越是无法滚动的文件，滚动条越长。另一方面，前者的滚动条小很多，这说明可上下滚动的幅度很大。由于实际使用范围是到第 15 行为止，没有必要不停向下滚动。所以如果发现滚动条变得很小，说明工作表中一定存在多余的信息。这时，请按照上述步骤确认是否存在多余信息。

善用"冻结窗格"

在处理纵向、横向范围都很大的表格时，如果向下或向右滚动就无法看见项目名称了，这样会导致工作效率的低下。

因此，我们可以使用"冻结窗格"功能，即便移动表格界面也能够始终显示项目名称。这样一来，就不需要不停地滚动查看表格，不仅可以节省出大量的时间，还可以减轻工作的压力。具体的操作步骤如下。

1　选择作为固定起点的单元格

【例】如果想固定显示工作表前 3 行的内容，就要选到整个第 4 行

在下一页的表格中，如果想要向下滚动时固定到第 5 行，向右滚动时固定到 B 列，需要选择单元格 C6 作为固定起点。

2　【视图】选项卡 ➡ 【冻结窗格】 ➡ 点击【冻结窗格】

有一点需要大家注意，设置窗口设定的时候，要让 A1 始终出现在窗口上。

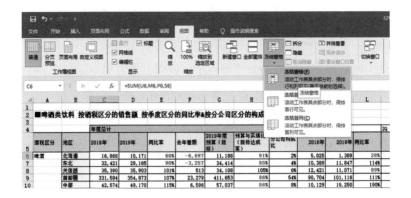

避免破坏表格格式

在 Excel 的工作表中可以输入各种函数，自动处理各种计算，制作各类文件。但是，如果不小心误删了公式，或是删除了不能删除的单元格和工作表，好不容易做好的文件也就失去了用途。特别是保存在公司内部网络的共享文件夹中的文件，由于会有多个人在这个文件中输入信息，经常会发生有人不小心更改了文件结构这种事情。

由此可见，多人共享同一个 Excel 文件这种做法本身并不值得推崇。但实际上，也有很多时候需要这样使用文件。这时，我们应该思考如何避免发生意外状况。

保护整个工作表

首先，利用【保护工作表】的功能，掌握防止删除表格中的函数的相关技巧。

想要让工作表中的单元格处于无法被编辑的状态，请按照以下步骤进行操作。

1　【审阅】选项卡 ➡ 点击【保护工作表】，弹出窗口

2　根据需要可输入密码（也可省略），点击【确定】

此时，在【允许此工作表的所有用户进行】的下方有许多选项。比如取消勾选【选定锁定的单元格】的话，就无法选中单元格了。这样就能够强烈传达表格制作者"不允许修改表格"的意愿。并且，这一栏中也可以设置是否可以"进行自动筛选"等项目，请大家浏览一下各个选项。

这里希望大家记住一个重点。

【保护工作表】这个功能只有在【设置单元格格式】的【保护】选项卡中确认【锁定】的单元格中才会生效。在 Excel 中默认所有单元格都处于锁定状态。选中任意一个单元格，按 Ctrl + 1 打开【设置单元格格式】 ➡ 点击【保护】选项卡，会出现如下画面。

【设置单元格格式】的【保护】选项卡

我们可以看到,【锁定】已经为被勾选的状态。之后直接对工作表进行保护设置,就无法修改这一单元格。

保持工作表中部分单元格无法修改

如果在【设置单元格格式】的【保护】选项卡中勾选【隐藏】,之后再对工作表进行保护设置的话,此单元格中含有的公式将不会显示在编辑栏中。

在实际工作中经常会有"只可修改一部分单元格"或者反过来的"一部分单元格不可修改"的需求。

比如下页的拉面店销售额管理表。

拉面店销售额管理表

A1		× ✓ fx	商品				
▲	A	B	C	D	E	F	G
1	商品	单价	数量	小计			
2	拉面	600		0			
3	叉烧面	900		0			
4	豆芽菜	100		0			
5	调味鸡蛋	100		0			
6	大碗面	100		0			
7							

在 A 列中输入"商品"，在 B 列中输入"单价"，在 D 列中预先输入"单价 × 数量"的乘法公式。因此只填入 C 列"数量"就可以了。

为了防止误删 B 列的单价或 D 列中含有公式的单元格，以及更改表格内容，可设置成只可在 C 列中输入内容。首先，试着将禁止修改的单元格设置成无法被选中。

1 选择可以输入内容的单元格（此例中为 C2:C6）

C2		× ✓ fx					
▲	A	B	C	D	E	F	G
1	商品	单价	数量	小计			
2	拉面	600		0			
3	叉烧面	900		0			
4	豆芽菜	100		0			
5	调味鸡蛋	100		0			
6	大碗面	100		0			
7							
8							

2 按 `Ctrl` + `1` 启动【设置单元格格式】，在【保护】选项卡中取消勾选【锁定】，点击【确定】

3 【审阅】选项卡 ➡ 点击【保护工作表】

4 在【允许此工作表的所有用户进行】下方，取消勾选【选定锁定的单元格】，点击【确定】

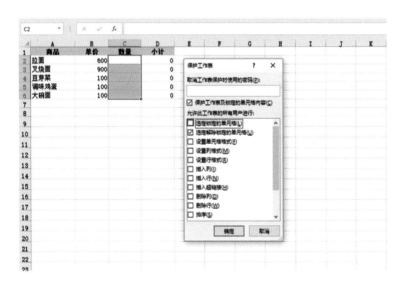

通过这个操作，C2:C6 范围以外的单元格不仅无法输入和修改内容，甚至无法点击。所以不会发生误删单元格中的内容、误将信息输入到其他单元格中等情况。

那么反过来，想使一部分单元格无法被改写的话，请按照以下步骤操作。

1 选择整个工作表 ➡【设置单元格格式】➡【保护】➡ 取消勾选【锁定】

2 只对想要设置禁止修改内容的单元格，再次打开【设置单元格格式】，勾选【锁定】

3 开启【保护工作表】

关于打印的注意事项

打印多页表格时，想要在每一页中打印标题行

在打印行数较多的名簿或者客户名单等 Excel 表格时，常常只会在第 1 页中出现最上方的项目行，而第 2 页以后则不会出现项目行。这样的话，看打印的第 2 页之后的表格内容时就会让人感到不方便。

为此，让我们来设置从第 2 页开始也会自动打印最上方的项目行吧。

1【页面布局】选项卡 ➜ 点击【打印标题】，打开【页面设置】

2 【工作表】选项卡 ➡ 点击【顶端标题行】的编辑栏，点击标题行的行标，最后点【确定】

如何应对打印结果与画面显示有误差的情况

大家是否知道 "WYSIWYG"？它是 "What You See Is What You Get"（所见即所得）的首字母，是指使计算机屏幕显示的画面与打印结果保持一致的技术。

但很遗憾，在 Excel 中无法做到 "WYSIWYG"。也就是说，呈现的画面，与实际打印出来的结果存在差异。

最常见的是单元格中的文字中途截断这种情况。在 Excel 的工作表中虽然可以显示完整的内容，但是一旦将其打印出来，有些内容就无法完整地出现在打印纸上。这样的困扰时有发生。针对这一点，最后还是需要利用"在单元格中保留足够的空白"等方法，这才是最便捷的解决对策。

但是，最大的问题在于，打印效果需要等到实际打印出来后才能看到。其实，我们可以先不直接打印 Excel 表格，而是利用 PDF 形式查看打印预览。

在 Excel 2007 的版本中想要将文件保存为 PDF 格式时需要安装专门的软件，但是从 Excel 2010 版本开始就可以直接保存为 PDF 格式了。因为 PDF 文件的界面与正式打印结果并没有差别，可以用来确认打印前的画面。

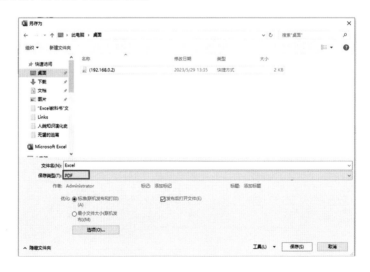

另外，点击【视图】选项卡中【页面布局】后，屏幕上出现的画面基本就是打印出来的状态。

第　8　章

E

熟练运用图表

理解 5 大图表的使用方法

　　Excel 是将数字整理成表格形式的工具。然而，有时候需要处理一些用数字表格难以理解和传达的内容。这种情况下，为了能够让人更加直观地理解表格的内容，就要制作图表。

　　一般用于商务资料的图表，分为柱形图、折线图、饼图、散点图和气泡图这 5 大类图表，各有不同的适合使用的场景。本章中，我们来简单了解一下每类图表的基本操作。

柱形图与折线图——比较和变化

　　以"公司销售额逐年上升"为例说明。一方面，这个表格展示的是销售额的变化。另一方面，也可以说是按时间段比较大小。在这种情况下，能够让人易于理解变化情况的图表，就是柱形图和折线图。下面 2 张图表都可以清晰地展现销售额逐年上升的趋势。通过添加箭头和数字，能进一步强化想要传达的信息。

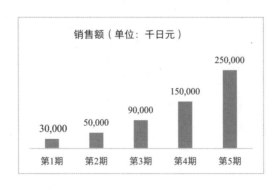

销售额（单位：千日元）

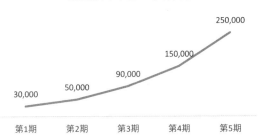

以上 2 张图展示的是同样的内容。如果想要表示一个对象元素的变化过程，经常会用到柱形图。折线图只能以点来表示数字的变化，而柱形图呈现的是数据累积起来的效果，能呈现出"分量"和"大小"的感觉，因此，在实际演示中有更强大的视觉冲击力。

想要展现如"比较 A 社和 B 社的销售额变化情况"等多个对象元素的变化时，使用折线图更容易理解。

销售额（单位：千日元）

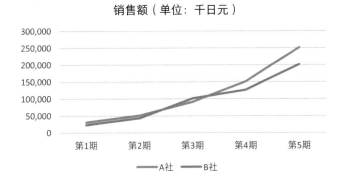

　　另外，柱形图分为纵向柱形图和横向柱形图。这2种柱形图还进一步分为堆积柱形图和百分比堆积柱形图。

　　至于选用纵向还是横向柱形图，基本上只是个人喜好问题。如果项目的文字数比较多，使用横向柱形图是明智的选择。

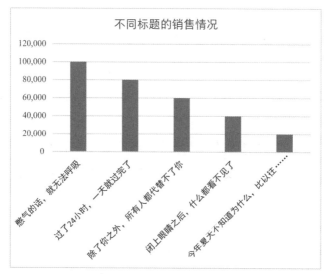

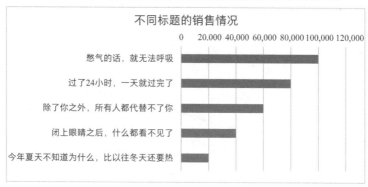

堆积柱形图适合表现数据的明细。

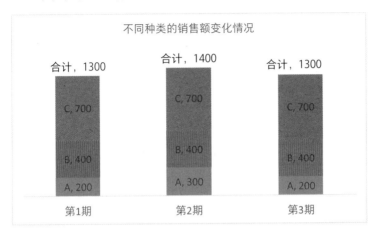

另外，百分比堆积柱形图通常用于表现"构成比的比较"。（见第 278 页）

饼图——明细的构成比

如果想要表示数据的"明细"和"构成比"，多用饼图。

制作饼图时，一般按照百分比从大到小的顺序，顺时针排列。原始数据也按上页图一样降序排列。

要表现构成比的变化、比较情况时，比起饼图，百分比堆积柱形图会更加直观。

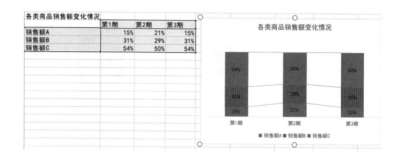

散点图——2 个数据的关系

"商品预订数量与销售额是否成正比?"

"气温较高的日子里，啤酒的销量是否会提升?"

"商品网页访客数是否和销售额有关?"

如上，要调查"2 个数据的关系"时，可以用到散点图。观察散布在图表上的点呈现怎样的状态，可以用下面的标准推测 2 个数据之间是否有关联。

正相关

表现出"横轴数字变大，纵轴数字也会随之变大"的关系。

例如，"夏季平均气温越高，啤酒的销量就会越好"，这样的关系就是正相关。

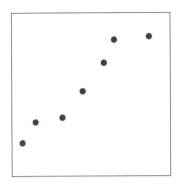

负相关

表现出"横轴数字越大，纵轴数字越小"的反比例关系。

例如，"公司内部会议的时间越长，销售额就会越低"，这样的关系就是负相关。

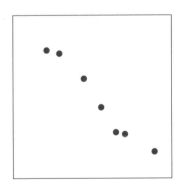

无相关

表示两个数据之间完全没有关系。

有时即使是呈现出关联性的散点图，也有可能只是偶然情况，实际上两个数据之间也许毫无关系。大家在看图表的时候，要时刻抱着怀疑的态度。

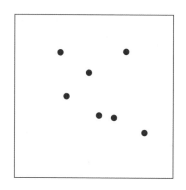

气泡图——3 个数据的关系

散点图只是在一张图表上到处散布着小点而已。而通过表现出各个点的"大小"来表示 3 个数据之间关系的，就是气泡图。

下面的气泡图，表示的是各个销售人员的"商品预订数量"与"销售金额""成交单价"3 个变量关系的例子。从这张气泡图中可以读取这样的信息，那就是"商品预订数量少、但销售金额高的员工，其平均成交单价更高"。

各销售人员的销售金额、商品预订数量、成交单价

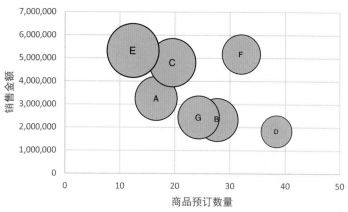

最基础的图表制作知识

运用 Excel 可以制作出非常直观的图表。因此，只要掌握大致的菜单功能，就不用事先记住特别具体的操作方法。接下来，让我们来了解一下图表制作所必需的基础知识。

不同版本的 Excel，图表工具画面有所不同

本章中，关于 Excel 操作的解说，用的是 Office 365 版本的画面和名称。大家尤其要注意，单击制作完成的图表后，出现在图表工具栏的相关菜单，在 Excel 2010 之后的各个版本中有以下的不同之处。

Excel 2010

"图表工具"下方显示"设计""布局""格式"3 个菜单。

Excel 2013、Excel 2016

"图表工具"下方显示"设计""格式"两个菜单。

Excel 2010 之前的"布局"菜单中有关图表元素的操作，可以在"设计"菜单里的"添加图表元素"中执行。

另外，单击"图表"，图表右上方会出现以下 3 个选项。

- 图表元素
- 图表样式
- 图表筛选器

Excel 2019、Office 365 以后的版本

Excel 2019、Office 365 以后的版本去掉了"图表工具"这个选项，显示为"图表设计"和"格式"两个菜单。

图表设计　格式

本章中出现的"图表设计"，相当于 Excel 2016 以前版本的"设计"。

准备数据源

如要制作图表，首先要在工作表上准备好作为图表材料的表格，即"数据源"。

例如，下页图是利用某公司第 1 期到第 5 期的销售表作为数据源，制作的图表。

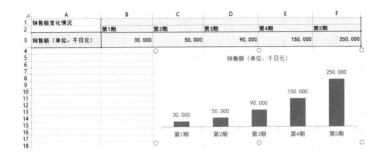

数据源 A2:F3，是由"轴标签""系列名称""系列值"三部分构成的。这三个部分指向范围如下。

- 轴标签 → B2:F2
- 系列名称 → A3
- 系列值 → B3:F3

这些数据源分别在图表的哪个部分、以怎样的方式反映出来，随后我们会逐一了解。

制作图表的具体顺序有以下两步。

1 选择数据源范围（此例中为 A2:F3）

2 从【插入】菜单的【图表】中点击想要制作的图表类型

图表

如制作上述案例中的图表，左击【柱形图】 ➜ 从【二维柱
形图】中点击【簇状柱形图】即可。

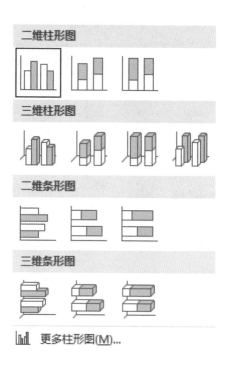

改变图表的默认设定

在已经选择数据源范围的状态下，按快捷键 Alt
+ F1 ，可以快速制作图表。同时按这两个键，就是迅速做
好"默认图表"的图表内容的捷径。"默认图表"的初始设

定是柱形图。如果要改变"默认图表"的图表类型，可以进行以下操作。

在【插入】菜单中点击【图表】群组里的【其他图表】

● 点击【所有图表类型】

● 点击左侧列出的图表类型，用鼠标左键点击在右侧出现的详细图表形式中的任意一个

● 点击【设置为默认图表】

只要理解"系列名称""系列值""轴标签"，就能顺利制作图表

接下来，为了说明在图表上显示的各系列分别代表什么意思，我会展示具体的"图例"。对于是否显示某些图表元素内容，可以用"图表元素"来设定。

单击制作完成的图表，图表的右上方会出现一个十字形标签【图表元素】（Excel 2013 及之后的版本）。单击【图表元素】后，会出现各种图表元素。例如，是否显示"图表标题""轴标题"等，都可以在这里设定。

把光标移动到各项目上时，右侧会出现方向向右的三角形。然后单击这个三角形，则会进一步显示具体的选项。

专栏 -

在【添加图表元素】功能区里，有【图表元素】标签下
所没有的菜单内容

关于图表元素的设定，也可以通过点击图表后弹出的
【图表设计】再点击【添加图表元素】，在显示的各菜单中
进行同样的操作。这个【添加图表元素】中，也包含【线
条】等【图表元素】标签下没有的菜单内容。

- - - - - - - - - - - - - - - - - - - ▲ -

接着，把光标移到【图例】右边的三角形上并单击【顶部】，
就会出现下图中表示"销售额（单位：千日元）"的图例。

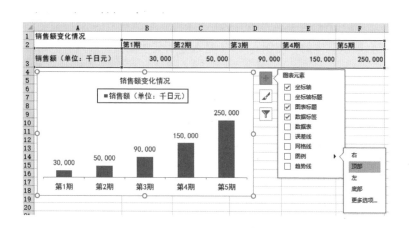

这个【图例】中出现的项目叫作"系列名称"，这一名称使用
的是数据源 A3 单元格中"系列名称"的数值。

　　图表水平轴上的"第1期""第2期"等部分叫作"水平（分类）轴"，使用的是数据来源范围 B2:F2，即"轴标签"范围中的数值。B3:F3"系列值"的数值，则以柱形图来表现。

　　若要重新确认"系列名称""系列值"和"轴标签"的内容各出自数据源的何处，需要打开【选择数据源】。在图表上单击鼠标右键，从菜单栏中选择【选择数据】，就会出现如下画面。

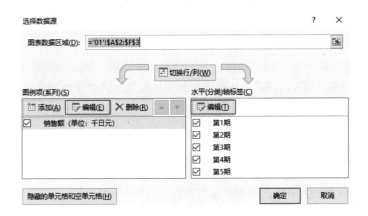

　　左侧有一个【图例项（系列）】栏。在此出现的项目叫作"系列名称"，也就是在"图例"中出现的"系列名称"。

　　点击【编辑】之后，能够看到"系列名称"和"系列值"使用的是哪个范围的数据。

右侧还有一个【水平（分类）轴标签】栏，其中罗列的项目叫作"轴标签"。

同样地，点击右侧的【编辑】，就能够看到"轴标签"使用的是哪个范围的数据了。

了解"系列名称""系列值"和"轴标签"的意义，再准备数据源，就能顺利制作出想要的图表。

"图表标题"和"轴标签"参照单元格

刚才那张图表，图表标题参照的是 A1 单元格的值。

图表标题和"轴标签"的文本，如果不是直接输入，而是采用引用单元格的方式，操作会一下子轻松许多。方法十分简单。

点击【图表标题】或【轴标签】

- 在公式栏里输入"="
- 引用想要引用的单元格后，按回车键

这样一来，只要单元格的值发生改变，图表标题也会随之改变。

制作"易于读懂的图表"的诀窍

为了帮助看图表的人顺利理解图表内容,在此,向大家介绍一些可视化手段。通过本节的说明,请大家理解各种图表的自定义方法。

取消图例,用数据标签表示系列名

之前为了说明"系列是什么意思",我使用了具体的图例。其实大多数情况下,不用图例会更容易理解图表内容。如下面的折线图,展示的是 A 社与 B 社的销售额的变化情况。至于哪一系列是 A 社的数据,哪一系列是 B 社数据,需要用图例来确认。这种图表只有两个系列还好,可是如果系列数增加,就很难分清哪条线代表哪一系列数据了。

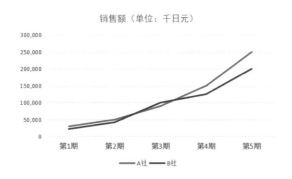

因此,我们可以在图表上使用显示各系列数值和名称的"数

据标签"，在各折线的最右端表示系列名称。

1 点击系列其中一点，能够选中整个系列

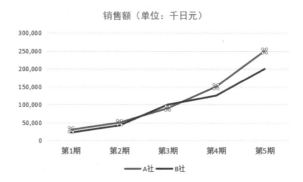

2 再次单击最右端的已选部分，只选中右端

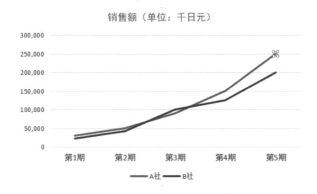

3 点击【图表元素】→光标移动到【数据标签】右边三角形→点击【更多选项】

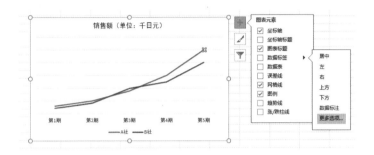

4 在【设置数据标签格式】的画面中，选中【标签选项】，取消选中【值】

对所有的系列都进行这样的操作，只显示数据标签的系列名称并取消图例之后，就会呈现如下页所示画面。

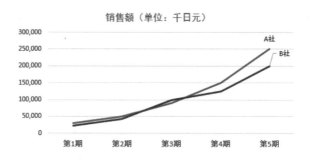

比起一边对照图例，一边确认"哪条线代表哪家公司……"，这种形式的图表明显看起来更方便。

取消网格线

如果想要使图表看上去更清晰，取消网格线也是一种方法。

点击网格线，网格线的两端会出现下图中的蓝色小点，呈选中状态。

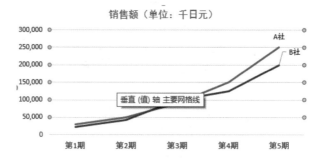

在此状态下按删除键（Delete），网格线就消失了。

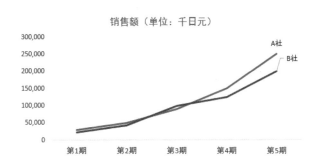

销售额（单位：千日元）

也可以用以下方法实现同样的效果。

- 点击【图表元素】➡ 取消勾选【网格线】
- 点击【图表设计】➡ 点击【添加图表元素】，在弹出的菜单里操作

像这样，即便是针对同一个图表，也有多种操作方式。

在图表中画基准线

"图表上表示的各个数字，是否超过了平均数值和某个目标等标准?"想要确认这类问题，有时需要在图表上画出如下页图所示的红线，即基准线。

如果是制作只使用一次的图表，只要在图表上直接画出一条直线就行。但是，如果要重复这样的操作，就要思考如何才能更高效地完成。

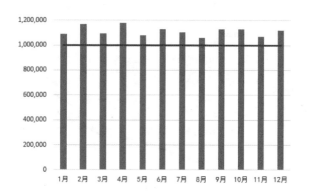

  Excel 图表的基本功能中没有画基准线的功能。只能采取"添加横向直线的折线图，来表示一条基准线"，这是一种稍微勉强的做法。

  例如，在表示月销售额的柱形图上，想要在 100 万日元的位置添上一条基准线。

  1 在数据源范围里增加一列基准线数据，在此列单元格中填入想要画为基准线的数字

▲	A	B	C
1	月	销售额	基准值
2	1月	1,082,443	1,000,000
3	2月	1,182,371	1,000,000
4	3月	1,084,187	1,000,000
5	4月	1,186,371	1,000,000
6	5月	1,070,994	1,000,000
7	6月	1,111,249	1,000,000
8	7月	1,102,443	1,000,000
9	8月	1,050,541	1,000,000
10	9月	1,107,186	1,000,000
11	10月	1,104,433	1,000,000
12	11月	1,065,550	1,000,000
13	12月	1,098,858	1,000,000

2　选择数据源范围，同时按 Alt+F1，制成纵向柱形图

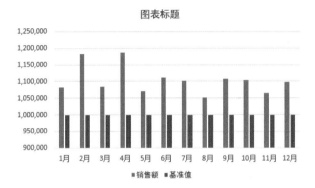

3　在图表上单击鼠标右键 ➡ 在【更改图表类型】画面中的【所有图表】标签下，点击【组合图】

4　将【基准值】的【图表类型】变为【折线图】，点击【确定】

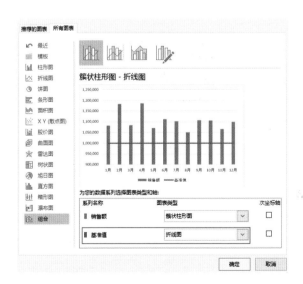

这样，基准线就画出来了。

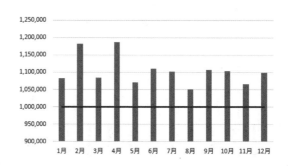

我们再优化一下吧。上图中的基准线似乎有点短。让我们把这条基准线延长到左右两端。

1 在【基准线】系列上单击鼠标右键，从菜单中点击【设置数据系列格式】 → 【系列绘制在】选择【次坐标轴】

2 图表右侧出现次要纵坐标轴，左右纵坐标轴都有最大值和最小值

（在这里，左右纵坐标轴的最小值为 0，最大值为 1,200,000。）

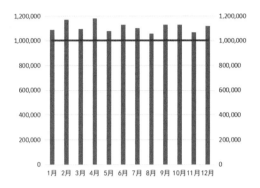

3　【设计】选项 ➡【添加图表元素】➡【坐标轴】➡
选择【次要横坐标轴】，使图表顶部显示次要横坐标轴

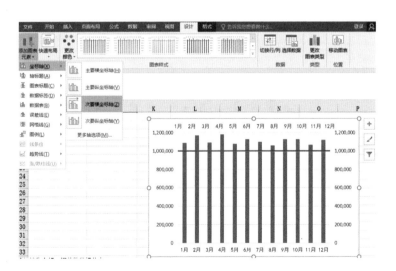

4　在次要横坐标轴上单击鼠标右键 ➡【设置坐标轴格式】
➡ 在画面右侧出现的【设置坐标轴格式】的【坐标轴位置】里，
选择【在刻度线上】

如此一来，"基准线"系列就会延伸到左右两端。

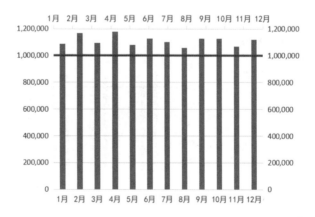

在散点图上显示数据标签

在散点图上，为了标示各个点分别代表哪些数据，就要显示数据标签。

1 【图表元素】➡【数据标签】➡ 点击【更多选项】

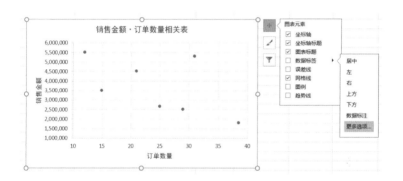

2 【设置数据标签格式】画面，点击勾选【单元格中的值】

3 【选择数据标签区域】画面，点击输入栏，输入想要用作标签的单元格范围，点击【确定】

（这次指定范围 A4:A10）

4　取消勾选【Y 值】

这样一来，能显示各负责人名字的原始数据 A 列的值。

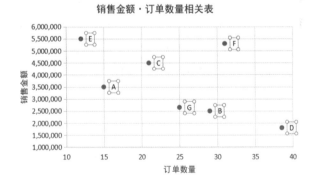

如果图表显示的系列顺序和预想的不一样，怎么办?

"图表显示的系列顺序和自己预想的不一样"，这样的情况时常发生。例如，将各商品的销售数据如下制成了纵向柱形图。

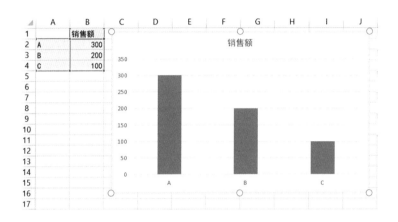

如果改成横向柱形图，就会如下图一样，从上到下分别是C、B、A，与数据表格中的顺序相反。

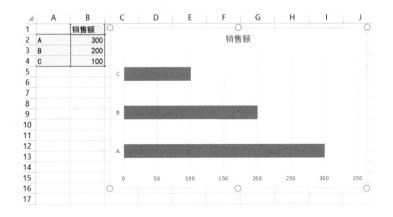

301

用同样的数据制作堆积纵向柱形图时，也是从上到下按 C、B、A 的顺序排列，与数据表格中的顺序相反。

这是数据表格和图表的"基点"所在位置各不相同导致的。

数据表格的基点在"左上"。项目从左上开始按顺序向下排列。

而"图表的基点"在"左下"。因为从表格基点排列的系列顺序，直接转为从图表基点排列的系列顺序，所以表格中的系列顺序与图表中的系列顺序相反。

那么，怎么把顺序调整为一致呢？如果想要快速解决这个问题，请参考以下方法。

如果想要翻转横向柱形图的上下顺序

双击纵坐标轴

● 【设置坐标轴格式】中勾选【逆序类别】

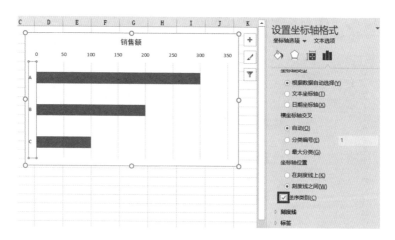

如果想改换堆积纵向柱形图中系列的顺序

在图表上单击鼠标右键

● 【选择数据源】画面中的【图例项（系列）】，选择想要上下
　 移动的系列

● 点击上下方向按钮

　　但是，如果想要定期制作、更新图表的话，每次都这样操作
就会很麻烦。这里有一个好办法，可以配合想要制作的图表，事
先准备好原始数据。

更高级的图表制作方法

制作帕累托图——双轴图表和百分比堆积横向柱形图

"八成的销售额是由所有客户中前二成的客户层带来的。"

"八成的经费是二成的员工使用的。"

像这样，表示一部分构成要素在整体中占较大份额的经验法则，叫作"帕累托法则"（80/20 法则）。表现这种现象的图表，就是下面的"帕累托图"。

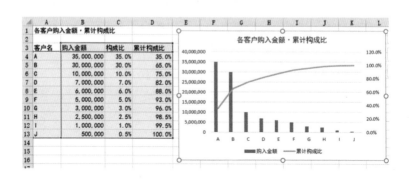

这种图表叫作双轴图表，左侧是主要纵坐标轴，加上右侧的次要纵坐标轴。它也被称作组合图表。通过这个帕累托图，我们来看下操作方法。

原始数据如上图左侧表格，显示降序排列的金额数据和升序排列的累计构成比。

1 选择原始数据范围（A3:D13）

2 【插入】菜单的【图表】群组中，点击【插入组合图】

3 点击【组合图】 → 选择【簇状柱形图-次坐标轴上的折线图】

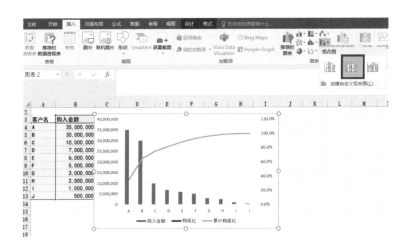

这样一来，就能简单制作出前文中的帕累托图。

但是，由于图例项中已有"构成比"系列，所以要把这部分删去。最方便的操作方法就是点击图表后，点击画面中出现的【图表筛选器】 → 取消勾选【构成比】。也可以使用第287页介绍的方法，取消勾选【选择数据源】画面中【图例项（系列）】下的【构成比】。

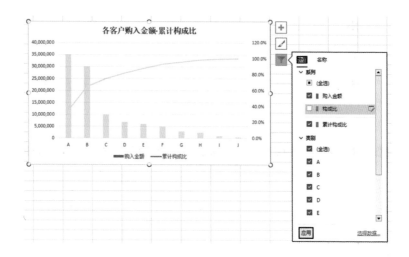

如果要直观地表现"某一部分商品的销售额占销售总额的大部分"这样的情况，也可以运用第278页介绍的百分比堆积柱形图。根据具体情况，选用不同类型的图表。

使图表自动对应引用范围的增减变化

如下，制作展示每月销售额变化情况的图表。

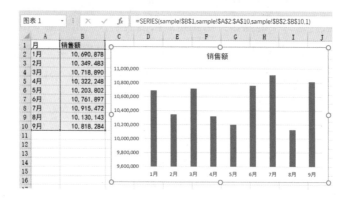

　　此时，如果在原始数据范围里追加新的月份数据时，该数据可以自动反映在图表中，那就轻松多了。为此，我们需要熟练掌握定义图表各系列的 SERIES 函数。以上面的图表和原始数据为例说明。

　　首先，在图表上点击系列，如上图所示，公式栏中就会出现以下公式（上图的画面是在名为"sample"的工作表中制作的）。

=SERIES(sample!$B$1,sample!$A$2:$A$10,sample!$B$2:
$B$10,1)

　　同时，原始数据范围被有颜色的线圈起。

- 红色的单元格 ➡ 系列名称
- 紫色框线所圈范围 ➡ 横坐标轴项目名称的范围
- 蓝色框线所圈范围 ➡ 值的范围

　　这些都与上述 SERIES 函数各个参数一一对应。让我们逐一来看一下。

　　括号中有 4 个参数。

=SERIES(系列名 , 轴标签范围 , 系列值范围 , 排列顺序)

　　据此拆解上述公式，得出以下结论。

"sample"工作表中的单元格 B1 是系列名称；

"sample"工作表中的单元格 A2:A10 是轴标签范围；

"sample"工作表中的单元格 B2:B10 是系列值范围；

图表上的排列顺序从序号 1 开始。

这个 SERIES 函数中的"轴标签范围"和"系列值范围"，如果在原始数据中有新增数据，图表也会随之自动扩展。第 209 页介绍过的方法——"定义名称"，也可以在这里用上。

1 点击单元格 A1 ➔ 【公式】选项卡 ➔ 点击【定义名称】➔ 显示【新建名称】画面

2 【名称】输入框中已出现 A1 单元格的值"月"，所以只要在【引用位置】输入框中输入以下公式

=OFFSET(sample!$A$1,1,0,COUNTA(sample!$A:$A)-1,1)

新建名称		? ☓
名称(<u>N</u>):	月	
范围(<u>S</u>):	工作簿 ▾	
备注(<u>O</u>):		
引用位置(<u>R</u>):	=OFFSET(sample!$A$1,1,0,COUNTA(sample!$A:$A)-1,1)	
	确定	取消

这样"月"的范围定好了。

以同样的操作，也可以对"销售额"名称进行定义。

3 点击单元格 B1 ➔ 【公式】选项卡 ➔ 点击【定义名称】➔ 显示【新建名称】画面

4 【名称】输入框中已出现 B1 单元格的值"销售额"，所以只要在【引用位置】输入框中输入以下公式

=OFFSET(sample!$B$1,1,0,COUNTA(sample!$B:$B)-1,1)

这样"销售额"的范围定好了。

接下来，将以上这些纳入图表各系列的 SERIES 函数中。

5 【选择数据源】➡【图例项（系列）】中选择【销售额】，点击【编辑】

6 【编辑数据系列】画面的【系列值】中已出现"=sample !$B$2:$B$11",只要消除下面的部分

　　$B$2:$B$11

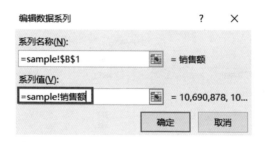

7　按 F3 ➡【粘贴名称】➡ 选择【销售额】后点击【确定】,【系列值】输入框中就会显示"=sample! 销售额",点击【确定】

8　暂时回到【选择数据源】画面,在【水平(分类)轴标签】中同样点击【编辑】

9　【轴标签区域】输入框中已出现"=sample!$A$2:$A$11",
只要消除下面的部分

$A$2:$A$11

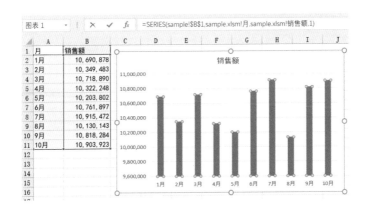

10　按 F3 ➡【粘贴名称】➡ 选择【月】后点击【确定】,
【轴标签】输入框中就会显示"=sample! 月",点击【确定】

这样一来,如果原始数据有新增内容,图表就能自动调整。
尝试追加 10 月数据,图表中就会自动反映出来。

在这个画面,点击图表内的一个系列,注意看公式栏里显示
的下页中的函数。

=SERIES(sample!$B$1,sample.xlsm! 月 ,sample.xlsm! 销售额 ,1)

　　轴标签范围的名称是"月"，系列值范围的名称是"销售额"，因此就能知道，随着数据源内容的增减，图表会有相应的变化。

第 9 章

E

掌握 Excel 操作的
本质

数据分析的基础

运用前文中介绍的技巧，只能提高 Excel 的操作效率，并不能提高大家的工作成果，以及大家作为商务人士的价值。说到底，Excel 只是一个工具。如果没有以"熟练运用这个工具，如何才能提高工作成绩？"这样的出发点来思考问题，那么无论掌握多少 Excel 的函数和功能都没有任何意义。我们需要掌握的是准确并快速地完成反映工作成果的资料的能力。

使用 Excel 完成的主要工作是"制作表格"。那么，制作怎样的表格才能创造出有价值的工作，对他人有所帮助，让我们能够从中获得利益，能够改善资金流动，等等，我们要想到成果后再去制作资料，这样才不会让时间和精力白费。

只有考虑到这一步并高效地工作，才是真正"在工作中能够熟练运用 Excel"。

在最后一章中，我想告诉大家一些重要的思考方式。

分析的基础在于数字的"分类"与"比较"

"上个月的销售额是 3000 万日元。"

在销售会议上，如果你只用这一句话就结束了关于"上个月的销售情况"的报告，会怎样呢？

"哦，然后呢？"

上司、同事们应该会产生这样的疑问。这样是万万不行的。

"我们知道了这些数据。但是这些数据代表了什么含义？"

可能有人会对你提出这样的疑问，你如果回答不上来，就有必要认真学习商业数据分析的基础知识。

实际上，这里有个很大的课题。在公司内部累积了各种各样的数据，但在大多数情况下这些数据都没有得到充分利用。因为没有人知道为了提高收益进行现状分析、设定目标、制订计划时，应该如何灵活运用这些来之不易的数据，所以也无从下手。

所谓数字分析的基础，就是"分类、比较"。

首先，将数据细致拆分到某种程度。比如"销售额"这种数据，可考虑从以下角度进行划分。

- 按客户（年龄层）划分
- 按地域划分
- 按分公司划分
- 按商品划分
- 按负责人划分

接下来，将这些拆分后的数字资料与其他数据做对比。"与某个标准相比，是高还是低？"如果不运用这样的指标，就无从评价这些数据是好是坏。

关于这一点，有几个标准解答范例，比如做以下说明。

"上个月的销售额为 3000 万，与去年同期相比增加了 112%，目标达成率为 108%，已经完成目标。"

"按商品类别来看，A 商品占整体的 70%，可以说销售额大多来自这种商品。"

"因此，有必要提高其他商品的比例，建立更加稳定的利润结构。"

从销售额减去劳动成本、原价等，可得到"毛利""毛利率"等数据，验证这些数据时不仅要从销售额出发，还要以"销售件数"为着眼点进行分析，这也是非常重要的。

像这样的说明，并不是只有掌握了丰富的商业知识与经验才能做到。事先了解工作中需处理的数据的基础，之后利用简单的除法运算和减法运算，任何人都能够做到。

商务工作中分析数据的 3 个基础指标

但是，突然让你"分析商务数据"，你也不知道如何分析数据资料，也不知道应该和什么样的数据做对比。这样你就会被困在 Excel 的数据中，即使花费了大量的时间，也无法得到满意的结果。在此，希望大家掌握分析商业数据上的三大基础指标。

- 同比率（与去年相比是增加还是减少）
- 达成率（是否达到目标）
- 构成比（每项各占多大比例）

以上数值，都可以用简单的除法运算计算出来。

同比率——销售额是增长还是下降

【计算公式】

同比率 = 今年的数据 ÷ 去年的数据

在企业中评价销售额成绩的第一大指标，就是同比率。也就是说，反映与去年相比销售额是增长还是减少的数值。

● 去年的销售额为 100 万日元，今年的销售额为 120 万日元，则同比率为 120%，"数据达标"。

● 去年销售额为 100 万日元，今年销售额为 90 万日元，则同比率为 90%，"低于去年"。

并不是说，这个指标一定要超过 100%。

销售额少于去年的话，可以对这一数据进行进一步的分析，研究同期增长率，找出销售额下降的主要原因。当然，有时会有比如由市场变化导致的销售额下降，这种无法明确其中原因的情况，也有"某分公司的大客户公司倒闭导致整体业绩下滑"这样问题并不出在自己公司的情况。无论是哪一种，都能分析出"销售额下滑"这一状况的原因所在。这种分析都可以从同比率这种简单的除法计算中看出来。

分析同比率最重要的一点是"同一时期、同一期间与去年做比较"。商务活动十分容易受到季节变动的影响。受季节变化、节假日影响较大的日本，同一款商品在不同季节的销路都会发生变化，季节不同，畅销商品也不一样。因此，需要大家思考以下这些问题。

● 检验当月的业绩 ➤ 得出"环比率"

● 检验每 3 个月的业绩 ➡ 得出"同比率"

有时候可以用"与上个月相比销售额是否有所增长"来进行分析。比如"9 月份游乐场的游客数比上个月下降了 40%"这样的结果，因为 8 月份为暑假期间，得出这样的结果并不奇怪，但如果与去年的 9 月份相比游客也是大幅减少的话，就能够快速判断出入园人数具有减少倾向。接下来，就可以面向 10 月份想出解决对策，付诸行动。

达成率——是否达成目标
【计算公式】

达成率 = 实际金额 ÷ 预算金额（目标金额）

所谓达成率，即"实际金额"与"预算金额"的比率。这里的"预算金额"就是指目标。也就是说，达成率表示的是"高于还是低于目标金额"的指标。

"预算"在达成率中表示目标值，而有一些文化企业将"预算"这个词作为"公司可使用的资金"的意思来使用。但是，"预算与实绩管理"这个词是商务经营的基本用语，预算这个词本身就含有目标的意思。希望大家有所了解。

构成比——数字明细各占多大比例
【计算公式】

构成比 = 部分 ÷ 整体

基于全公司的销售总额等整体的统计数据，有必要进一步计算出详细的数据。像前文中提到的，我们可以从以下的角度进一步分析数据。

- 客户（年龄层）
- 地域
- 分公司
- 商品
- 负责人

以这些标准分析得出的各个构成要素在整体中占有的比例，就是构成比。也被称作"份额"或"结构比率"。由此，可以分析出各个要素的贡献度、偏重度、受依赖程度等。

学会"用数据说话"

如下是一张按负责人划分的销售额一览表。

按负责人划分的销售额一览表

像这样只列出实际数据，只能大概了解各负责人之间的业绩对比，做出非常模糊的判断。最多得出这样的结论：

"内山的销售额是最多的啊。"

"松本的销售额真是少得可怜。"

只能用抽象的形容词来说明。

我们经常可以听到这句话：用数据增加说服力。即使知道"每一名销售人员的销售额"这样的数据也没有任何意义。"用数据说话"最为重要的基础事项在于：

"用百分比（比率、比例）展示的实际数据才是有说服力的数据。"

试着在这张表中追加每一名负责人的构成比吧。

按负责人划分的销售额一览表中追加每名负责人的构成比

如此一来，大家就会知道每一名负责人的销售额的所占比例。将数据制作成图表的话，就会一目了然。

即使是口头说明，换成第二种说明方法，不仅讲话人的说服力会提升，聆听者的理解程度也会截然不同。

【Before】

内山的销售额是最多的啊。

【After】

内山的销售额占整体的 43%，约占整体的一半。

"最多的"这种措辞非常幼稚，而"占整体的 43%"这种说法只是将前者转为带有百分比的表达方式，就迅速变成了商务级别的对话。

当然，只是改变表达方式并不是我们的工作。"了解了这一事实，接下来要采取什么行动"，将获得的数据作为下一次的计划、行动的根据来使用，才是分析数据的重点。

必须清楚制作表格的目的

运用这些方法实际分析销售额的资料如下。

按全国各分公司的销售额，得出同比率、达成率、构成比的表格

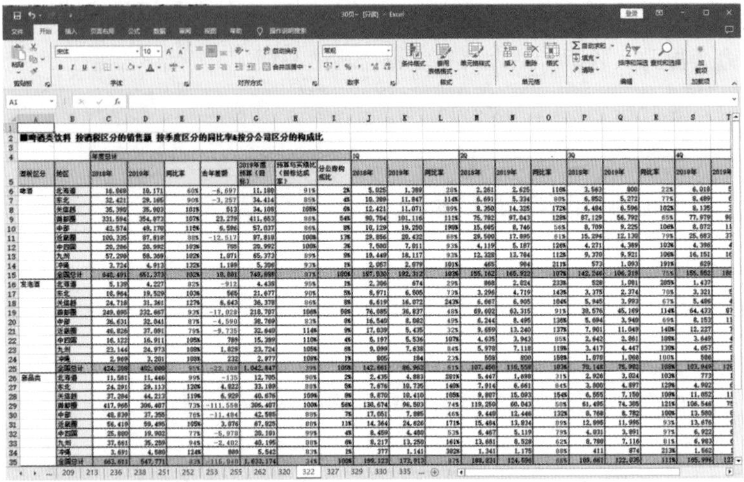

这是某企业的全国各分公司的销售额数据，这张表格里含有同比率、达成率和各分公司在所有分公司的销售额中所占的比率。除了同比率，其中还有一个指标表示实际差额——"去年差额"。另外，同时比较同比率与达成率，以及在表格中添加构成比这些数据也有重大意义。其中最重要的是要明确这些问题：

"在表格中想要表达什么？"

"制作表格的目的是什么？"

为何不仅要添加同比率，还要添加"去年差额"？

首先，在表格中添加同比率，以及表示实际差额的"去年差额"的意义是什么？比如说，以酒税区分"啤酒"为例，来看一下首都圈与冲绳的同比率吧。

首都圈的同比率为 107%，冲绳是 132%。首都圈的同比率为
107% 这个数据表示对比去年有所增长，可以说是个很好的成绩。
但是与冲绳的 132% 比较后，就能得出"冲绳比首都圈地区增长
得更多"的结论。另外，也会有人这么想，"冲绳的销售人员比首
都圈的更加努力，因此获得了比去年更好的成绩"。

这时，除同比率的数据外，如果设有表示与去年的实际
差额的"去年差额"项目，就能从另一个角度解读这份资料
了。确实，冲绳地区的销售人员在努力增加销售额，所以同比
率的数据比较高。但是，同比率这种表示增长率的指标，如果分
母小的话，那么得出的结果会呈现出大幅增加的状态。因此，
不能只做出这样的评价：

"对比首都圈与冲绳的销售额增长率后，显然冲绳地区的销
售人员更为优秀。"

通过对比"去年差额"这种表示实际差额的数据，就能够做
出补充说明：

"首都圈也积累增加了大额交易，对全公司的贡献程度很高。"

所以才要追加"去年差额"这个数据。

以百分比表现数据很重要，但是反过来说，"百分比也要和
实际数字一同解释说明"。如"利润率"这一指标很重要，但比较
各企业经营情况的时候不能只比较利润率，同时还应比较"利润
额"，这样才能做出最正确的判断。

添加同比率 & 达成率的理由

在表格中并列添加同比率和达成率是有明确理由的。

我们来对比一下首都圈的同比率和达成率吧。同比率为107% 意味着今年的销售业绩超过了去年，而达成率为 86% 意味着远远未达到预算目标。这时就会引出一个疑问：

"这个目标（预算）值是否恰当？"

从而会让大家反思"目标值是不是过高"。

有些公司会把是否达成预算（目标）作为评价销售经理或者销售部门业绩的考核标准。那么要采用这样的指标当然需要设置一个合适的目标值。被安排了一个无论如何都达不到的目标，没有达到目标就无法得到认可……人类是情感动物，这样做会打击员工的积极性。

这种情况下，作为检验目标值是否恰当的方法之一，可以比较同比率和达成率。也就是说：

"虽然销售额的同比率为 107%，但是这个数字远远未达到目标值，这是否说明原来设置的目标值过高？"

这样就有进一步商量讨论的余地了。

这时，如果只是提出"目标值设得过高"也没有任何说服力，而要通过展现同比率这一指标：

"虽然同比率达到了 107%，却还是远远没有达到目标值，这样的目标值到底是如何计算出来的呢？"

这样就会促使大家进一步讨论，从而提出合适的目标。

为什么要添加构成比

原则上来说，得出的数据并不会出现特别异常的情况。拥有巨大市场的首都圈等大城市的构成比相对较高也是理所应当的事。

而在此添加构成比是为了观察是否存在占比突然增多或突然减少的情况。如果平时构成比并不高的地区的占比突然增大，

"这一地区是不是发生了什么事情，会不会存在潜在商机?"

"这一地区的负责人是不是采取了特殊举措?"

像这样进一步调查，就能得到新的发现。

同时考察实际业绩和百分比，这一点很重要。"只看实际业绩"或"只看百分比"，都会造成遗漏或错误判断现状。

将数据资料迅速转化为表格的技巧

下图为前文中提到的表格的全貌。

前文中的表格全貌

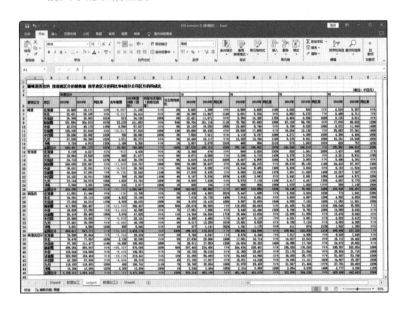

这张表是以同一张表内的"数据加工"工作表中的数据为材料制作的。

作为表格的材料的“数据加工”工作表中数据

销售日期	零售商区域	商品代码	商品名称	销售额
201801	爱知县	27210786	朝日本生啤	2992920
201801	爱知县	27220883	激畅生啤	136920
201801	爱知县	27220957	三得利纯生	997920
201801	爱知县	27220985	三得利金麦	56448
201801	爱知县	27260317	朝日超级干	40320
201801	爱知县	27260665	麒麟一番榨	794640
201801	爱知县	27350171	札幌黑标	6670
201801	爱知县	27350921	麒麟淡丽绿	17342
201801	爱媛县	27210786	朝日本生啤	286440
201801	爱媛县	27220883	激畅生啤	141960
201801	爱媛县	27220957	三得利纯生	95760
201801	爱媛县	27220985	三得利金麦	62160
201801	茨城县	27260317	朝日超级干	1165080
201801	茨城县	27260665	麒麟一番榨	143640
201801	茨城县	27350171	札幌黑标	430920
201801	茨城县	27350921	麒麟淡丽绿	15624
201801	茨城县	27210786	朝日本生啤	3528
201801	茨城县	27220883	激畅生啤	350280
201801	茨城县	27220957	三得利纯生	2668
201801	茨城县	27220985	三得利金麦	8004
201801	冈山县	27260317	朝日超级干	1008
201801	冈山县	27260665	麒麟一番榨	365400
201801	冈山县	27350171	札幌黑标	73920
201801	冈山县	27350921	麒麟淡丽绿	173880

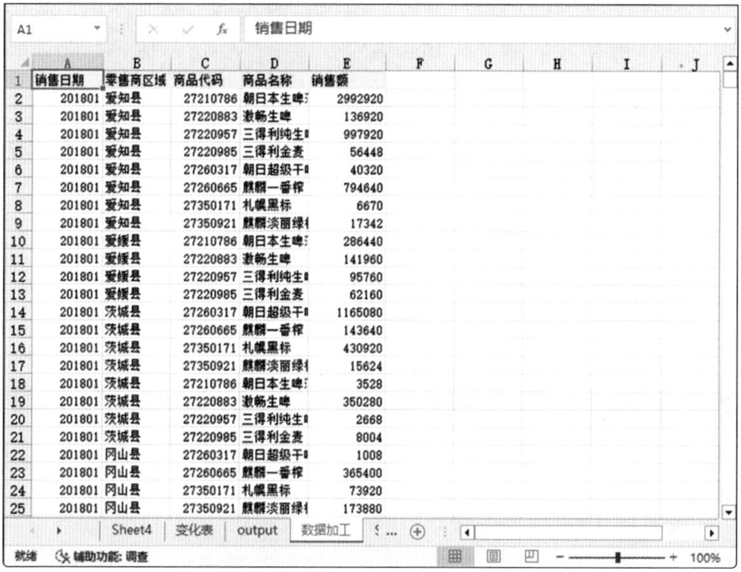

这张表格由 5 个项目构成。每一列项目名的单元格中主要有以下项目：

- A 列 → 表示销售日期的 6 位数值
- B 列 → 零售商区域
- C 列 → 商品代码
- D 列 → 商品名称
- E 列 → 销售额

也就是说，这些数据表示的是在某一段期间内，按月份、地区、商品来分类的销售额数据。但是，浏览这个放有大量信息的数据表，即使我们能了解某些事实，也无法知道整体趋势和实际业绩。

那么，如果让你"以这个数据为材料分析销售情况"，应该从哪里着手呢？

如果你能立刻想到同比率、达成率和构成比三个基本指标的话，就能够快速开展分析工作。

将新的统计标准追加添加到原始数据中——数据变换技巧

我们再确认一下最终表格的结构。

纵轴为"种类"和"分公司"。横轴为按季度分类的 2018 年和 2019 年，这两个年度的项目。

但是，原始数据中却没有这些项目。

实际上这里需要转化数据。

● 商品名称 ➛ 种类

● 县名 ➛ 分公司

● 销售日期 ➛ 年度、季度

具体来说，需要在原始数据中的工作列中追加转化后的数据。最终，原始数据会变成下页表的状态。

在原始数据中追加转化后的数据

销售日期	掌售周区域	商品代码	商品名称	销售额	酒税区分	分公司	年度	月	季度	KEY
201801	爱知县	27210786	朝日本生啤	2992920	发泡酒	中部	2018	1	1Q	发泡酒中部2018 1Q
201801	爱知县	27220883	激畅生啤	136920	新品类	中部	2018	1	1Q	新品类中部2018 1Q
201801	爱知县	27220957	三得利纯生	997920	新品类	中部	2018	1	1Q	新品类中部2018 1Q
201801	爱知县	27220985	利刻金麦	56448	新品类	中部	2018	1	1Q	新品类中部2018 1Q
201801	爱知县	27260317	朝日超级干4	40320	啤酒	中部	2018	1	1Q	啤酒中部2018 1Q
201801	爱知县	27260665	麒麟一番榨	794640	啤酒	中部	2018	1	1Q	啤酒中部2018 1Q
201801	爱知县	27350171	札幌黑标	6670	啤酒	中部	2018	1	1Q	啤酒中部2018 1Q
201801	爱知县	27350921	麒麟淡丽绿标	17342	发泡酒	中部	2018	1	1Q	发泡酒中部2018 1Q
201801	爱媛县	27210786	朝日本生啤	286440	发泡酒	中国地	2018	1	1Q	发泡酒中国地2018 1Q
201801	爱媛县	27220883	激畅生啤	141960	新品类	中国地	2018	1	1Q	新品类中国地2018 1Q
201801	爱媛县	27220957	三得利纯生	95760	新品类	中国地	2018	1	1Q	新品类中国地2018 1Q
201801	爱媛县	27220985	利刻金麦	62160	新品类	中国地	2018	1	1Q	新品类中国地2018 1Q
201801	茨城县	27260317	朝日超级干4	1165080	啤酒	关信越	2018	1	1Q	啤酒关信越2018 1Q
201801	茨城县	27260665	麒麟一番榨	143640	啤酒	关信越	2018	1	1Q	啤酒关信越2018 1Q
201801	茨城县	27350171	札幌黑标	430920	啤酒	关信越	2018	1	1Q	啤酒关信越2018 1Q
201801	茨城县	27350921	麒麟淡丽绿标	15624	发泡酒	关信越	2018	1	1Q	发泡酒关信越2018 1Q
201801	茨城县	27210786	朝日本生啤	3528	发泡酒	关信越	2018	1	1Q	发泡酒关信越2018 1Q
201801	茨城县	27220883	激畅生啤	350260	新品类	关信越	2018	1	1Q	新品类关信越2018 1Q
201801	茨城县	27220957	三得利纯生	2668	新品类	关信越	2018	1	1Q	新品类关信越2018 1Q
201801	茨城县	27220985	三得利金麦	8004	新品类	关信越	2018	1	1Q	新品类关信越2018 1Q
201801	冈山县	27260317	朝日超级干4	1008	啤酒	中国国	2018	1	1Q	啤酒中四国2018 1Q
201801	冈山县	27260665	麒麟一番榨	365400	啤酒	中国国	2018	1	1Q	啤酒中四国2018 1Q
201801	冈山县	27350171	札幌黑标	73920	啤酒	中国国	2018	1	1Q	啤酒中四国2018 1Q
201801	冈山县	27350921	麒麟淡丽绿标	173080	发泡酒	中国国	2018	1	1Q	发泡酒中四国2018 1Q
201801	冈山县	27210786	朝日本生啤	27972	发泡酒	中国国	2018	1	1Q	发泡酒中四国2018 1Q
201801	冈山县	27220883	激畅生啤	9304	新品类	中国国	2018	1	1Q	新品类中四国2018 1Q
201801	冈山县	27220957	三得利纯生	72240	新品类	中国国	2018	1	1Q	新品类中四国2018 1Q
201801	冲绳县	27220985	三得利金麦	10920	新品类	冲绳	2018	1	1Q	新品类冲绳2018 1Q
201801	冲绳县	27260317	朝日超级干4	18480	啤酒	冲绳	2018	1	1Q	啤酒冲绳2018 1Q
201801	冲绳县	27260665	麒麟一番榨	483840	啤酒	冲绳	2018	1	1Q	啤酒冲绳2018 1Q
201801	冲绳县	27350171	札幌黑标	110980	啤酒	冲绳	2018	1	1Q	啤酒冲绳2018 1Q

　　F 列的"酒税区分",是参照 C 列的商品代码输入的。另外,G 列的"分公司",则是参照 B 列的县名输入的。

　　以第 2 行的数据为例,数据发生了如下转化。

- 爱知县 → 中部
- 27210786 → 发泡酒

　　为了快速完成这种转化,需要预先制作转化对应表(转化表)。比如在其他工作表中制作下页图这样的表格。

事先制作转化表

　　事先制作这样的转化对应表作为准备材料，之后再用 VLOOKUP 函数就可以转化所有数据。

　　我们来逐个看一下追加转换后的数据的函数。用来制作转化数据的表格的名称为"变化表"。

- F 列（酒税区分）➞ =VLOOKUP(C2,变化表!A:C,3,0)

- G 列（分公司）➞ =VLOOKUP(B2,变化表!E:F,2,0)

- H 列（年度）➞ =LEFT(A2,4)

- I 列（月）➞ =VALUE(RIGHT(A2,2))

※ 只使用 RIGHT 函数的话会得出"01"这样的文本，因此作为在 J 列中的 VLOOKUP 函数的第一参数使用时会出现错误，须应用 VALUE 函数将其转化为数值。

- J 列（季度）➞ =VLOOKUP(I2,变化表!H:I,2,0)

● K 列（KEY）→ =F2&G2&H2&J2

※ 用于输入统计表中的 SUMIF 函数的第一参数（检索范围）。

在第 2 行中输入这些函数，然后一直复制到数据最后一行
（双击鼠标就可瞬间完成），就能快速转化数据。原始数据中没有
的项目，可以通过函数自行追加，按照自己的想法统计数据。这
样一来，就整理好了用作材料的数据。

请勿过度依赖数据透视表（Pivot Table）

在 Excel 中，有一个方法可以快速统计出数据库形式的数据，
那就是数据透视表（Pivot Table）。通过实际的使用案例，我们来
看一下它有哪些作用。

1　选择需要统计的数据库表格中的任意一个单元格，
【插入】选项卡 → 点击【数据透视表】

2　在下面弹出的【来自表格或区域的数据透视表】窗口中
点击【确定】

这里，已经勾选数据透视表选项卡 ➡ 【显示】中【经典数据透视表布局（启用网络中的字段拖放）】，勾选这一选项，使用数据透视表时会更加方便。

3 在画面右侧，会出现选择的数据库表项目一览的字段列表画面。在此，勾选【零售商区域】，数据透视表的纵轴就会出现"零售商区域"

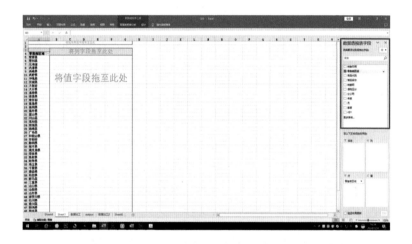

4　在字段列表中勾选【销售额】，就可以按照"零售商区域"统计金额

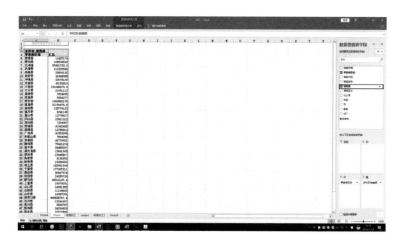

5　接下来将"商品代码"的部分拖拽复制至画面右下方的【列标签】中，就可以按照"零售商区域""商品代码"来统计金额

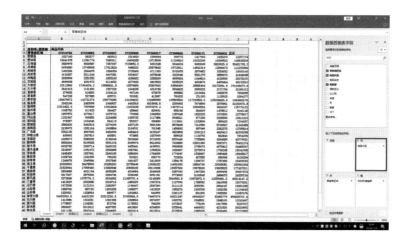

像这样，数据透视表可以简单制作各种统计表格。其因为强大的统计功能，被认作"制作表格的必备工具"，在实际工作中经常会用到。但它有个很大的漏洞，那就是：

"如果把定期更新的资料制作成数据透视表，就会大大降低制作效率。"

这一点请务必记住。

大家经常犯的错误就是使用数据透视表进行汇总，然后复制到表格中，并且不断重复这样的操作。这种做法不仅非常没有效率，而且在复制粘贴过程中也非常容易产生错误。

一旦建立格式，就可反复套用

这时，在材料数据中事先制作用函数统计的格式是最好的方法。一旦做成这种格式，之后只要将材料数据粘贴到固定位置就能够完成表格。

在表格中，首先在单元格 J6 中输入以下汇总公式：

=SUMIF(数据加工!$K:$K,$A6&$B6&J$5&J$4,数据加工!$E:$E)

在单元格J6 中输入=SUMIF(数据加工!$K:$K,$A6&$B6&J$5&J$4,数据加工!$E:$E)

J6　=SUMIF(数据加工!$K:$K,$A6&$B6&J$5&J$4,数据加工!$E:$E)

麒麟酒类饮料 按酒税区分的销售额 按季度区分的同比率&按分公司区分的构成比

（单位：千日元）

		年度总计							1Q			2Q			3Q			4Q		
酒税区分	地区	2018年	2019年	同比率	去年差额	2019年度预算（目标）	预算与实绩比（目标达成率）	分公司构成比	2018年	2019年	同比率	2018年	2019年	同比率	2018年	2019年	同比率	2018年	2019年	同比率
啤酒	北海道					11,189			5,025											
	东北					34,414														
	关信越					34,109														
	首都圈					411,653														
	中部					57,037														
	近畿圈					87,818														
	中四国					20,992														
	九州					65,373														
	冲绳					5,306														
	全国总计					749,888														
发泡酒	北海道					4,439														
	东北					21,677														
	关信越					36,378														
	首都圈					218,707														
	中部					38,769														
	近畿圈					32,640														
	中四国					15,389														
	九州					23,724														
	冲绳					2,977														
	全国总计					1,042,847														

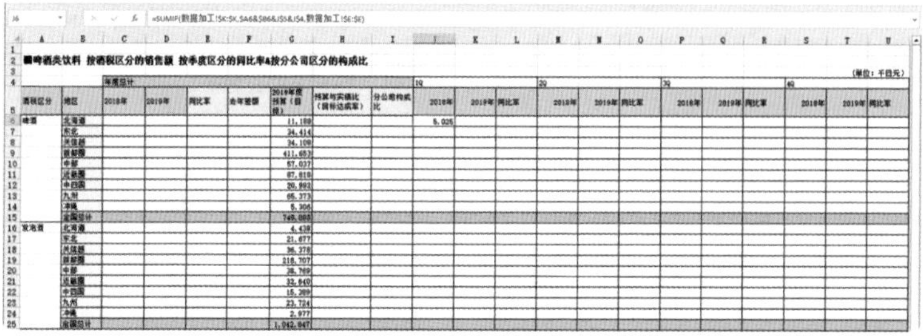

在第二参数中，结合了以下 4 个单元格的数值。

- 单元格 A6“啤酒”
- 单元格 B6“北海道”
- 单元格 J5“2018”
- 单元格 J4“1Q”

在单元格 J5 中实际上输入的是“2018”这个数值。同样，单元格 K5 里也输入了“2019”这个数值。但是，单元格上显示的却是“2018 年”，后缀有“年”这个字。在【设置单元格格式】→【表示格式】的【自定义】中，在【种类】的编辑栏中输入以下内容，就能够在单元格中显示“年”这个字。

0" 年 "

前文中的函数的第二参数就变为了"啤酒北海道 20181Q"的字符串。

第一参数指定的是"数据加工"工作表中的 K 列，这一列中组合了种类、分公司、年度、季度这 4 个字符串。也就是说，这个公式在进行这样的处理：

- "数据加工"工作表的 K 列
- 为"啤酒北海道 20181Q"字符串时
- 统计"数据加工"工作表 E 列的销售额总值

将这个 J6 中的公式直接从 J6 复制到 K14 后，就能统计出各分公司的各年度销售额。

将单元格 J6 的公式一直复制到 K14

这是将最开始单元格 J6 中的公式一直复制粘贴到 J6: K14 的范围后，例如，选择单元格 K9，按 F2 键后，就会变成下表中的状态。

单元格 K9 中含有 SUMIF 函数

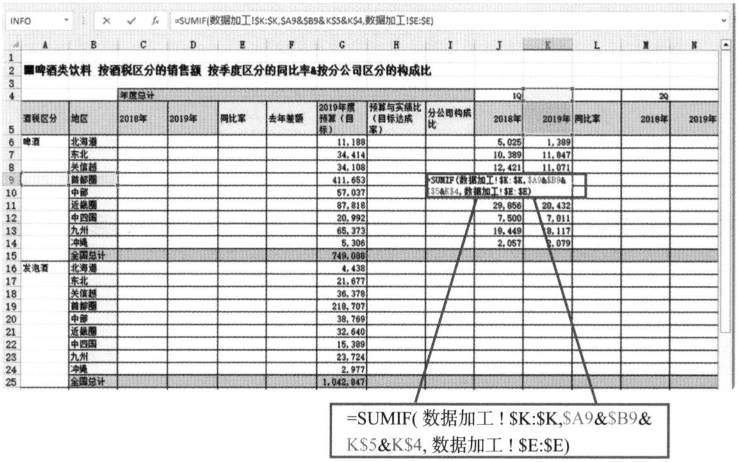
INFO
=SUMIF(数据加工!$K:$K,$A9&$B9&K$5&K$4,数据加工!$E:$E)
=SUMIF(数据加工!$K:$K,$A9&$B9&K$5&K$4,数据加工!$E:$E)
=SUMIF(数据加工！$K:$K,$A9&$B9&
K$5&K$4, 数据加工！$E:$E)

■啤酒类饮料 按酒税区分的销售额 按季度区分的同比率&按分公司区分的构成比

		年度总计							1Q			2Q	
酒税区分	地区	2018年	2019年	同比率	去年差额	2019年度预算（目标）	预算与实绩比（目标达成率）	分公司构成比	2018年	2019年	同比率	2018年	2019年
啤酒	北海道					11,188			5,025	1,389			
	东北					34,414			10,389	11,847			
	关信越					34,108			12,421	11,071			
	首都圈					411,653							
	中部					57,037							
	近畿圈					87,818			29,856	20,432			
	中四国					20,992			7,500	7,011			
	九州					65,373			19,449	8,117			
	冲绳					5,306			2,057	2,079			
	全国总计					749,088							
发泡酒	北海道					4,438							
	东北					21,677							
	关信越					36,378							
	首都圈					218,707							
	中部					38,769							
	近畿圈					32,640							
	中四国					15,389							
	九州					23,724							
	冲绳					2,977							
	全国总计					1,042,847							

SUMIF 函数第二参数引用了 4 个单元格，但 A9、K4 这两个单元格看上去引用的是空白单元格。这里其实使用了一个秘诀。

下页图中看似将 A 列中的文字全部设置为黑色。其实，“酒税区分”中的“啤酒”“发泡酒”等名称是用白色文字输入的，所以在 A 列中看起来会是空白的状态。

在 A 列中的文字变为白色

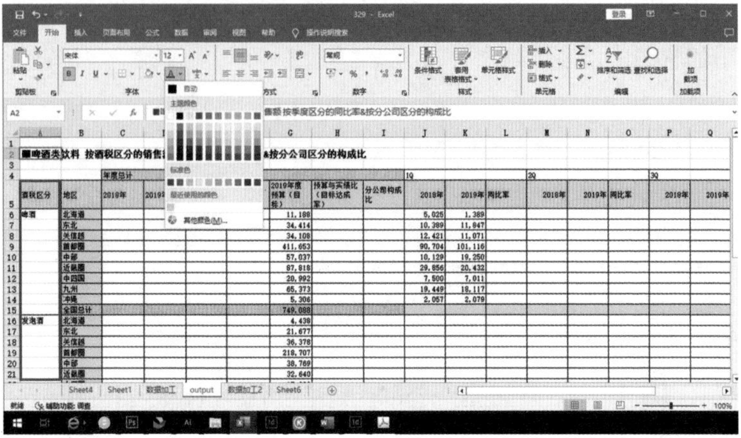

当然，这些文字是作为 SUMIF 的参数输入到单元格中的，但如果所有的单元格中都出现这些文字会让人难以看懂表格中的内容，所以只保留一个单元格中的文字，将其他单元格中的相同文字的字体颜色设置为白色。在第 4 行中采用了相同的处理方法。

接下来，用 SUMIF 函数统计出总和，并在同比率的单元格中加入今年 ÷ 去年的除法公式，就可以得出同比率。

这时，在有同比率的表格中事先设置"数值小于 100% 时单元格内文字变红且加粗"这样的格式，就可以像下页图中这样自动判定计算结果并改变文字格式。

通过附带条件格式将同比率的数值小于 100% 的单元格中的文字设置成红字且加粗

		年度总计				2019年度预算（目标案）	预算与实绩比（目标达成案）	分公司构成比	1Q			2Q
酒税区分	地区	2018年	2019年	同比率	去年差额				2018年	2019年	同比率	2018年
啤酒	北海道					11,188			5,025	1,389	28%	
	东北					34,414			10,389	11,847	114%	
	关信越					34,108			12,421	11,071	89%	
	首都圈					411,653			90,704	101,116	111%	
	中部					57,037			10,129	19,250	190%	
	近畿圈					87,818			29,856	20,432	68%	
	中四国					20,992			7,500	7,011	93%	
	九州					65,373			19,449	18,117	93%	
	冲绳					5,306			2,057	2,079	101%	
	全国总计					749,088			187,530	192,312	103%	
发泡酒	北海道					4,438						
	东北					21,677						
	关信越					36,378						
	首都圈					218,707						
	中部					38,769						
	近畿圈					32,640						

然后，按照以下的操作顺序在其他单元格中填入公式，即可完成表格。

1 选中啤酒的第一季度（1Q）范围，按 `Ctrl` + `C` 复制

J6 =SUMIF(数据加工!$K:$K,$A9&$B9&K$5&K$4,数据加工!$E:$E)

		年度总计				2019年度预算（目标案）	预算与实绩比（目标达成案）	分公司构成比	1Q			2Q
酒税区分	地区	2018年	2019年	同比率	去年差额				2018年	2019年	同比率	2018年
啤酒	北海道					11,188			5,025	1,389	28%	
	东北					34,414			10,389	11,847	114%	
	关信越					34,108			12,421	11,071	89%	
	首都圈					411,653			90,704	101,116	111%	
	中部					57,037			10,129	19,250	190%	
	近畿圈					87,818			29,856	20,432	68%	
	中四国					20,992			7,500	7,011	93%	
	九州					65,373			19,449	18,117	93%	
	冲绳					5,306			2,057	2,079	101%	
	全国总计					749,088			187,530	192,312	103%	
发泡酒	北海道					4,438						
	东北					21,677						
	关信越					36,378						
	首都圈					218,707						
	中部					38,769						
	近畿圈					32,640						
	中四国					15,389						
	九州					23,724						
	冲绳					2,977						
	全国总计					1,042,847						

2 指定粘贴的范围

3 按 Ctrl + V 粘贴

如此一来，只要在一开始制作自动汇总表的格式，就能多次利用，也就不用再重复相似的统计工作了。通过这个机制，只要在"数据加工"工作表的特定位置粘贴原始数据，函数就会自动计算数据，表格也就制作完成了。

这样，1 分钟就能完成原本需要 2 小时才能完成的工作。如果是使用数据透视表的话，即使做到天黑，制作好的资料也可能会有错误，根本无法使用。

用最少的精力获得
最大成果的帕累托分析法①

为削减经费所付出的努力真的有意义吗

> 提高销售额。

> 减少开支。

这二者都是提高利润十分重要的事项，但并不可胡乱行动。如果把精力浪费在错误的对象上，即使花费大量的时间和精力，也无法获得满意的结果，最后只能落得"多劳少得"的下场。这样，不仅降低了生产能力，更是增加了多余的时间成本，浪费时间。严重的话，还会打击员工的积极性。

比如减少开支。大部分的企业认为努力"减少不必要的成本"本身是件非常有意义的事情。但是，不要忘记为了减少开支需要花费一定的劳动和时间成本。如果为削减成本花掉的时间成本，反而超过了削减的部分，这样就本末倒置了。像这样"毫无意义地努力削减经费"的做法并不可取。我列举一些至今为止我遇到的实际事例供大家参考：

- 将便利贴裁开使用

---

① 帕累托分析法（Pareto analysis）是制订决策的统计方法，将导致某种结果的各种可能原因按其数量之大小倒序排列。帕累托分析法使用了帕累托法则，即做 20% 的事可以产生整个工作 80% 的效果的法则。——编者注

- 利用打印纸的反面
- 离开座位 10 分钟以上的话，关闭计算机电源
- 裁切使用过的打印纸，当作记事本

这些都是十分花费时间和精力的事情，想要通过这些方法削减经费，并不能减少很可观的开支，也就是说无法产生新的利益。考虑到做这些事情需要花费的人工费用，可能还会产生赤字。像这种削减成本的工作通常十分无趣，生产性也过低，也会导致员工的积极性下降。

关于削减成本方面，经常可以听到这样一句话，"积少成多"。我们需要辨别"我做的这些工作是否真的能够积少成多"。

帕累托法则

"帕累托法则"是在商务领域中经常会提到的思考方法，也叫作"80:20 法则"。它是指：

"销售额的 80%，是由 20% 的客户提供的。"

"经费的 80%，是由 20% 的员工使用的。"

一言以蔽之，假定了"一部分的构成要素会给整体带来巨大影响"。

通过下面的图表会更加容易理解。

按客户分类的销售额构成比

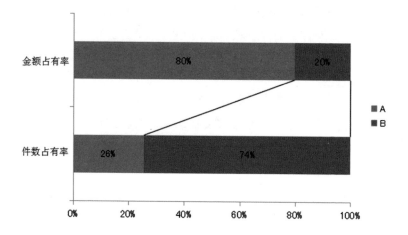

这是某公司按客户分类的销售额构成比数据做成的图表。客户分为 A、B 两组,数据表示每组中的客户数量(图表内为件数)和销售金额的比例。

从这张图表中,可以立刻发现一个事实:在件数中占比为 26% 的 A 组客户,却提供了 80% 的销售额。如果失去或者损失这 26% 的客户的销售额的话,甚至会达到影响整个公司的经营状况的程度。因此,就可以做出要防止这 26% 的客户流失、采取继续维持合作关系的战略这样的判断。

将帕累托分析法运用于制作图表的 3 个方法

想要制作出这样的图表,需要运用以下的 3 个分析手法并按顺序处理。

1 排名分析

首先，可以简单地按照消费金额的大小给客户排序。这时，可以使用 Excel 的排序功能。这样就可以将重要的客户排在名单的最上方。

例如，在提交新产品方案的时候，可以按照这个顺序给客户打电话。如果客户名单是按姓氏排列的话，选择使用下列哪一种方法，也会大大影响销售的效率。

- 直接按照顺序从上往下依次打电话
- 先按照消费金额的大小（降序）排列数据，从上往下依次打电话

Excel 的"排序"功能能够帮助我们实现"从最重要的客户开始联络"的想法。

2 ABC 分析

按照客户分类的销售额数据进行降序排列后，计算出每个客户的消费金额的构成比。在下一页的表格中，单元格 C1 中含有所有客户的消费金额的总和。用每位客户的消费金额除以单元格 C1 的总金额，可以得出构成比的数据。在单元格 D4 中输入下列公式，一直复制粘贴到最后一行。

=C4/$C$1

然后，将构成比相加，可以得出累计构成比。

得出每个客户的消费金额的构成比

No	客户名	消费金额	构成比
	总计	3,329,454	
1	A	1,064,963	32.0%
2	B	496,089	14.9%
3	C	189,779	5.7%
4	D	176,461	5.3%
5	E	153,155	4.6%
6	F	126,519	3.8%
7	G	113,201	3.4%
8	H	109,872	3.3%
9	I	76,577	2.3%
10	J	59,930	1.8%
11	K	43,283	1.3%
12	L	43,283	1.3%
13	M	43,283	1.3%
14	N	43,283	1.3%
15	O	39,953	1.2%
16	P	39,953	1.2%
17	Q	33,295	1.0%
18	R	33,295	1.0%
19	S	29,965	0.9%
20	T	29,965	0.9%
21	U	23,306	0.7%
22	V	23,306	0.7%
23	W	23,306	0.7%
24	X	23,306	0.7%
25	Y	19,977	0.6%
26	Z	19,977	0.6%
27	AA	16,647	0.5%
28	AB	16,647	0.5%
29	AC	16,647	0.5%
30	AD	16,647	0.5%
31	AE	16,647	0.5%
32	AF	16,647	0.5%
33	AG	16,647	0.5%
34	AH	13,318	0.4%

得出累计构成比

累计构成比列: 32.0%, 46.9%, 52.6%, 57.9%, 62.5%, 66.3%, 69.7%, 73.0%, 75.3%, 77.1%, 78.4%, 79.7%, 81.0%, 82.3%, 83.5%, 84.7%, 85.7%, 86.7%, 87.6%, 88.5%, 89.2%, 89.9%, 90.6%, 91.3%, 91.9%, 92.5%, 93.0%, 93.5%, 94.0%, 94.5%, 95.0%, 95.5%, 96.0%, 96.4%

像这样，就能知道比如"前3家客户公司占了整体销售额的50%，说明这三家公司是我们重要的客户"。为了明确客户的重要程度，"将客户分成若干小组"这种分析手法就是 ABC 分析法。在此，将累计构成比小于或等于 80% 的客户分到 A 组，大于 80% 的分到 B 组。

可用 IF 函数处理这种分类。在单元格 F4 中输入下列公式，一直复制粘贴到最后一行，就能自动分出 A、B 两组了。

=IF(E4<80%,"A","B")

在单元格 F4 中输入 =IF(E4<80%,"A","B")，分出 A、B 组

No	客户名	消费金额	构成比	累计构成比	等级分类
	总计	3,329,454			
1	A	1,064,963	32.0%	32.0%	A
2	B	496,089	14.9%	46.9%	A
3	C	189,779	5.7%	52.6%	A
4	D	176,461	5.3%	57.9%	A
5	E	153,155	4.6%	62.5%	A
6	F	126,519	3.8%	66.3%	A
7	G	113,201	3.4%	69.7%	A
8	H	109,872	3.3%	73.0%	A
9	I	76,577	2.3%	75.3%	A
10	J	59,930	1.8%	77.1%	A
11	K	43,283	1.3%	78.4%	A
12	L	43,283	1.3%	79.7%	A
13	M	43,283	1.3%	81.0%	B
14	N	43,283	1.3%	82.3%	B
15	O	39,953	1.2%	83.5%	B
16	P	39,953	1.2%	84.7%	B
17	Q	33,295	1.0%	85.7%	B
18	R	33,295	1.0%	86.7%	B
19	S	29,965	0.9%	87.6%	B
20	T	29,965	0.9%	88.5%	B
21	U	23,306	0.7%	89.2%	B
22	V	23,306	0.7%	89.9%	B
23	W	23,306	0.7%	90.6%	B
24	X	23,306	0.7%	91.3%	B
25	Y	19,977	0.6%	91.9%	B
26	Z	19,977	0.6%	92.5%	B
27	AA	16,647	0.5%	93.0%	B
28	AB	16,647	0.5%	93.5%	B
29	AC	16,647	0.5%	94.0%	B
30	AD	16,647	0.5%	94.5%	B
31	AE	16,647	0.5%	95.0%	B
32	AF	16,647	0.5%	95.5%	B
33	AG	16,647	0.5%	96.0%	B
34	AH	13,318	0.4%	96.4%	B

3 帕累托分析

像这样将客户分为 A 组与 B 组之后，接下来就要计算两组的"交易件数"和"总计金额"了。表格则呈现为下页形式。

得出 A 组客户与 B 组客户的"交易件数"与"总计金额"

用 COUNTIF 函数计算"A 和 B 各有多少个"。

用 SUMIF 函数得出"A 和 B 的总销售额分别是多少"。

得出实际数字后，再计算构成比。A 的销售件数占整体的 26%，但销售额占整体的 80%。而 B 的销售件数虽然占整体的 74%，销售额却仅为整体的 20%。将这个结果制作成图表，就会看到前文中的"按客户分类的销售额构成比"那样的表。

这样就一目了然了吧？对于这家公司来说，首先必须维护好 A 组客户，当然也不能忽视 B 组。但从优先顺序来说，应该要更加重视 A 组客户。从经营战略角度来说：

"把提供给 A 组客户的优惠政策介绍给 B 组客户，可以刺激

B 组客户的购买欲，使其积极升到 A 组的等级。"

而提出这种战略计划的根据或分析过程，只是制作一张简单的 Excel 表格。

在削减经费方面也是一样。提取出占据大比例的要素后，不对症下药的话也不会有任何改善。如将便利贴裁成一半使用，重复利用打印纸的反面，等等，与其在这种事情上花费大量的时间，还不如多找出"占整体经费 80% 的支出是什么"。

"社长的租车费用占了很大比例。"

"如果减掉'管理层的交际费'里面每月的夜总会花销，经费能节省 20%。"

这样就能发现一些真正需要改善的地方。不要在费力而不见效的事情上花费大量的时间和精力。为了明确真正应该付出努力的对象，一定要在了解 Excel 的基本技能的基础上，熟练运用各种分析手法。

以"资金方块拼图"来理解公司的资金流动

以"销售目标"为主要课题的企业非常多，其实在商务活动中应该重视的数字不只有销售额，利润也同样重要。

利润，粗略来讲就是"销售额减去成本后得到的数字"。如果销售额是 100 万日元，但是成本也花去了 100 万，那么利润就是零。

想要增加利润，可以选择以下两种中的其中一种或者二者结合运用（但在真实的经营环境下，并不一定都会有效果。也会有削减经费却导致销售额下滑，增加经费也增加利润等情况发生）。

- 增加销售额
- 削减经费

那么，为了增加销售额，应该做些什么？为了削减经费，又应该做些什么呢？

这里介绍给大家一个绝对不会弄错优先顺序的方法，那就是下面的"资金方块拼图"，通过这张图可以完全把握公司的资金流动情况。

作为提供商品和服务的等价回报，从客户那里收取费用。这就是销售额①。

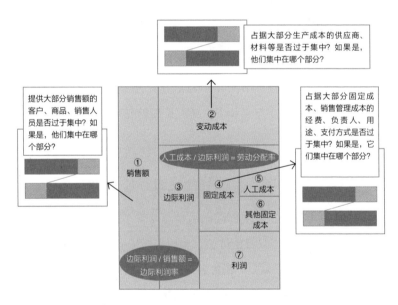

为了增加公司的现金流和利润，提高销售额、削减经费是最有效的方法。

战略上要明确轻重缓急，为了使对策的效果最大化，应该从哪方面着手。

想要明确改善对象，能够找出"占据 80% 的 20% 是什么"的帕累托分析法是最有效的方法。

"资金方块拼图"，是以西顺一郎先生的 STRAC 表为基础建立的一种思考方法，和仁达也先生获得了原作者的允许，将其改良。

供应商成本、材料费、外包费等与销售额成比例变动的费用，需要从销售额中剔除。这一部分费用称作"变动成本"②。

从①销售额减去②变动成本后得到的资金就是③"边际利润"。

租金、人工成本和其他销售管理成本等变动成本以外的费用称作"固定成本"④。

固定成本大致可分为两部分，人工成本⑤和"其他固定成本"⑥。

从边际利润中减去固定成本得到的剩余资金就是"利润"⑦。

这些用语，与利润表、资产负债表等各种财务表中出现的会计用语多少有些不同。例如，"利润"原本有营业利润、经常性净利润和当期税后利润等意思，在本书中作简化说明。

如何运用帕累托分析法

这 7 类资金中，哪种可以运用帕累托分析法处理呢？

例如"削减固定成本"，相信这是每家公司都在努力做的事情。为了知道"应该从固定成本中的哪个经费开始下手"，可以使用帕累托分析法。

如果想不增加固定成本而提高员工薪资的话，就要考虑削减人工成本外的"其他固定成本"。这时，削减"其他固定成本"的哪个部分就变得尤其重要。只要找到效果较大的目标，即占据整体 80% 的 20% 的费用项目，然后从这个地方开始着手削减经费就事半功倍了。

关于变动费用也是一样。如果占据大部分进货成本的是少数的供货商和商品的话，只要它们稍微降低一些价格，就极有可能大幅减少成本，即增加边际利润。与不断地对供货商提出难以接受的降价要求比起来，这个方法无疑是最明智的。

当然，关于销售额方面，对客户、商品进行分类后运用 ABC 分析、帕累托分析，立刻就能找出重点客户和利润最大的商品。

平均值会说谎

最后，还有一件事想告诉大家。

几乎所有关于 Excel 的书或研讨会，都把导出"平均值"的 AVERAGE 函数作为一个重要的基础函数介绍给大家。但是，在我的 Excel 培训课上并不会这样做。为什么呢？这是因为在制作处理数字数据的资料表格时，我认为不应该随意使用"平均值"。

"平均值会说谎。"

请大家牢记这句话。

我们在许多情况都会遇到平均值这个指标。如考试成绩的平均分、平均收入。知道了平均值，再和自己的实际情况作对比，随着数值忽高忽低也或喜或忧。

所谓平均值，就是所有数值的总和除以全部个数所得出的数值。这总会让人觉得它是"所有数值中最中间的数值"。但是，平均值有可能是脱离实际情况的。

例如，有一家想要在某一地区开展房屋销售业务的建筑公司，要在此区域调查可行的价格范围，于是对当地的人均年收入进行了调研，结果是 600 万日元。于是，这家建筑公司做出了这样的判断：该地区"年收入 600 万日元的人占大多数"。因此决定以年收入 600 万日元左右的人群为目标建筑楼盘。但实际上，当地人们的收入情况有非常明显的等级差别，即"年收入 900 万日元的人群"与"年收入 300 万日元的人群"呈两极分化状态。的确，两者相加除以 2，就可以得出平均年收入为 600 万日元的结果。但是实际上，并没有年收入达到 600 万日元的人群。

另外，公司一般用到的指标也是员工的"平均年收入"。以此为判断依据的时候也需要注意。乍一看很高的平均年收入数字，很有可能是因为一部分中高层管理人员的高额收入拉高了平均值，而实际上大部分员工的年收入要远远低于平均值。

像这样的例子不在少数。请一定注意平均值会有偏离实际情况的风险。

统计学中针对这个问题，给出了"标准差"的概念，用于了解计算平均值的各个数值的偏差情况。但是，即使在公司报告说明时使用这个概念，即使听者感觉理解了这部分内容，在实际的商务现场中也不一定具有足够的说服力来使方案得到执行。

遇到在商务文本中使用"平均值"的情况时，如果追问这个平均值是如何得出的，很多人会回答"差不多是这样""之前的负责人算出来的"。没有带着明确的意图制作资料，就会出现这种情况。这是需要花费自己的宝贵时间与精力的工作，"这件工作能得到怎样的成果？"，对这一点要有足够深刻的认识，绝不能随意地制作商务文本。

希望大家能够牢记工作必需的三大要素：自主性、责任感、全局观。以 Excel 为武器，大幅提高自己的工作能力。

■后记

日常工作依然有很多需要改善的部分

随着丰田的生产方式的确立，"改善"这个词成了世界性用语。如今，工厂等生产现场即使在非常细微的部分上也会为改善业务而付出努力。以秒为单位、以毫米为单位、以1个螺丝为单位……看似微不足道的改善举措会产生巨大的效果，毫无疑问，这种努力方式值得我们尊敬。

而另一方面，以事务性工作为中心的办公室的业务情况又如何呢？在减少浪费、提高生产效率上，是否与工厂做到了同等程度的努力呢？

每个月都会制作相同的商务文本并且需要花上一整天的时间。
提交每个月都会制作的订单，需要花3天时间。
统计每个月员工的出勤情况，需要加班一周。
而且人工操作较多，经常出现失误。

有些企业没有将这些情况视为问题，觉得在这些事上花费劳力是理所当然的事，进而置之不理，这样的事迄今为止我已经见

354

过太多了。

在我对这些企业的人员进行 Excel 的相关培训后，他们的处理业务的速度和生产能力提高了 10~1000 倍。原本要花 1 天时间的工作缩短为 3 分钟，资料中随处可见的失误也消失了。

一开始只要花很少的时间掌握 Excel 的基础知识技能，就能够节约大量的时间与精力。

这些节省下来的时间精力就可以用到本应具有生产性和创造性的工作中。

如果所有的事务工作的负责人都能学会这些技能，不仅公司会改变，员工的工作也会变得轻松。

如果这样的公司越来越多，也能够增强经济的活跃性。

这就是我写这本书的理由。

本书得以顺利完成，要感谢多方指导与支持。

首先，我要向技术评论社的传智之先生致以诚挚的感谢。是传先生找到我们这家无名小公司，询问我是否愿意执笔写书的。

在此，感谢培养了 SUGOIKAIZEN 股份有限公司和我本人的 Excel 技术的最大恩师——所有客户公司，以及参加我司研讨会的学生们。在与各位一同工作的过程中，我们的技术也得到了磨炼。

并且，我还要向在我执笔过程中给予我支持的 SUGOI KAIZEN 股份有限公司的同僚们表示感谢。

感谢技术顾问山冈城一先生，制作图像的鹿岛直美女士，以及作为事务人员支持公司的松浦诚先生，我的妻子吉田惠和儿子裕。

以及一直给我加油鼓劲，期待本书面世的所有的朋友们。

在这里，向各位表达最诚挚的谢意！

如何以 Excel 作为武器获得好评
——能够制作框架的人会赢得一切

在这里，我还想告诉大家：不要只是成为一个擅长做 Excel 表格的人，而是要善于使用 Excel 的技能并发挥分析技巧，在工作成果上，以及在组织中获得真正的好评。

无论你有多么擅长使用 Excel，只会使用 Excel 都不会提高大家对你的认可程度。在组织中获得较高评价的重要条件有两个："做出至今为止从未有过的新事物""制作出不仅能改善自己的工作，也能改善周围人工作的框架"。

我在前公司 Mercian 股份有限公司工作的时候，在还没有掌握 Excel 函数的相关知识的阶段就开始了数据分析的工作。最开始的时候，接手上一位负责人的制作资料表格的工作，每天都要苦苦奋战，一直加班到追赶最后一班地铁。

但是，后来我发现自己每天只是不停地处理这些内容，并没有时间做其他工作，于是我开始思索"有没有方法能够缩短做这些事的时间"。然后，我才发现原来有许多的函数都可以自动汇总数据。同时，我还发现在 Excel 中可以建立预先在表格中输入函数，再将材料数据粘贴在特定位置这种机制。

我利用节省下来的时间，不断改进上一任负责人的资料，导入从全新的视角着手分析的手法，向全公司做报告。最终，我获得了只占全公司少数的"S 级员工"（最高）的评价。可以

说，我只是发挥了 Excel 的操作能力和分析技巧就得到了最高
的评价。

我灵活运用这些工作经验，成立了培训 Excel 相关知识和技
能的公司后，同样收获了优异成果的客户不断增多。这些客户的
共同点就是我在前文中提到的两个条件。

只是能够完成交给你的工作并不能让你成为不可或缺的存在。
但是，要成为无可替代的人也并不是说一定要具备特殊的才能。
只要大家都能善于运用 Excel，并将它作为武器，就能够收获巨大
的成果，为集体、为公司做出贡献。

若本书能在这方面助大家一臂之力，我将不甚欣喜。

吉田拳

■出版后记

用一整天制作每个月都要提交的报表？统计员工每个月出勤情况，需要加班一周？函数不会用，手动计算大量数据？很多人在用 Excel 的时候，觉得"不就是做个表吗？"却要为这张表付出无数个加班的深夜。

本书作者吉田拳曾经也是一名加班到赶末班车的"表哥"。在经历了无数个加班的深夜之后，他发现有很多工作其实都可以运用 Excel 的函数和功能迅速完成，从此告别了每月加班做表的低效工作。他利用节省下来的时间，钻研怎样从全新的视角分析资料，不仅成为公司少数的 S 级员工之一，现在还是日本知名的 Excel 业务改善咨询师，在 300 家以上的公司开展操作培训，指导过 5000 名以上的职场人士。为大型 IT 企业、连锁餐饮店、土木建筑公司、制造业、会计师事务所等各行各业提供 Excel 培训服务。

在本书中，他总结多年工作经验，整理了一套能够系统性地掌握工作中必备的 Excel 技巧的实战技巧。从最基础的 Excel 使用要点，如快捷键、常用函数，到如何组合使用函数，再到如何熟练运用数据透视表、制作图表，让你能够迅速整理复杂数据。除此之外，还有如何在 Excel 中搭建工作框架，进一步提升工作效率，制作出有说服力的资料等大神才能掌握的专业手法，让你走上 Excel 成神之路。

这本书让你在日常工作中轻松搞定 Excel，从此不求同事帮忙，不再加班做表，让领导刮目相看！

服务热线：133-6631-2326　　188-1142-1266

服务信箱：reader@hinabook.com

后浪出版公司

2023 年 12 月

图书在版编目（CIP）数据

Excel大神是怎么做表的 / (日) 吉田拳著；陈怡萍
译. -- 北京：中国友谊出版公司, 2024.5
ISBN 978-7-5057-5795-0

Ⅰ.①E… Ⅱ.①吉… ②陈… Ⅲ.①表处理软件
Ⅳ.①TP391.13

中国国家版本馆CIP数据核字(2023)第247607号

著作权合同登记号　图字 01-2024-1745

TATTA 1NICHI DE SOKUSENRYOKU NI NARU Excel NO KYOKASHO [ZOKYO KANZENBAN]
by Ken Yoshida
Copyright © 2020 Sugoi Kaizen, Inc.
All rights reserved.
Original Japanese edition published by Gijutsu-Hyoron Co., Ltd., Tokyo

This Simplified Chinese language edition published by arrangement with
Gijutsu-Hyoron Co., Ltd., Tokyo in care of Tuttle-Mori Agency, Inc., Tokyo
through Bardon-Chinese Media Agency,Taipei.

本中文简体版版权归属于银杏树下（上海）图书有限责任公司。

书名	Excel大神是怎么做表的
作者	[日] 吉田拳
译者	陈怡萍
出版	中国友谊出版公司
发行	中国友谊出版公司
经销	新华书店
印刷	天津联城印刷有限公司
规格	889×1194 毫米　　32 开
	12印张　　245千字
版次	2024年5月第1版
印次	2024年5月第1次印刷
书号	ISBN 978-7-5057-5795-0
定价	75.00元
地址	北京市朝阳区西坝河南里17号楼
邮编	100028
电话	（010）64678009

终身成长行动指南

著者：[日] 赤羽雄二

译者：温玥

书号：978-7-210-11277-8

出版日期：2019 年 7 月

定价：38.00 元

麦肯锡韩国分公司创始人教你突破自身成长极限，打开工作和人生的新局面

任何人都能够不断地成长，这也是人类最根本的特性。有很多人都认为："能够有所成长是一件很好的事情。"然而，对于成长，大部分人都只停留在"想想而已"的阶段，能将"成长"当做一个真正的目标而采取实际行动的人少之又少。

本书作者赤羽雄二曾在麦肯锡公司工作 14 年，一手创办了麦肯锡韩国分公司。作为一名出色的咨询师，他在工作时不断迎接新的挑战，开展新的事业。通过这本书，他想要告诉大家：想要"获得成长"并不是一件难事，只要你掌握正确的方法，以及做好心理准备。

在本书中，他深入分析了阻碍成长的几大因素，并结合自身经验，提出了"能够让所有人持续成长的方法论"。从如何建立自信到创造出良性循环，再到和同伴一同成长，只要完成 7 个行动就能够打破成长屏障，突破自身成长极限，终身都能够看到有所改变的自己。

聪明人都用框架找答案

著者：日本东大案例学习研究会

译者：吴梦迪

书号：978-7-5057-5653-3

出版日期：2023 年 10 月

定价：45.00 元

东大学霸带你掌握解决问题的万能公式，运用框架思维快速拆解问题结构，将复杂难题简单化，直击问题核心，制定清晰合理的解决方案，有效应对工作和生活中的一切问题

想要在 3 个月内存 100 万日元，应该怎么办？减肥太痛苦，如何才能科学瘦身？年底想要冲业绩，怎样才能有效提高销售额？想高效解决种种问题，你要掌握框架这个强大的思考工具。

本书作者在解答了几百道咨询公司的经典面试案例分析问题之后，整理出一套能够系统化处理问题的思考体系。他们将工作和生活中需要解决的问题分为 3 个类型，将基础解答方法整理成 5 个步骤，精选 9 个核心案例及 50 个思考框架，以此来高效且快速地处理问题。

你只要掌握这套思考系统，就能迅速找到能够拆解问题的框架，确定问题的症结所在，制定清晰、直接的解决方案。无论在生活还是工作中，面对再困难的问题，你都不会感到手足无措、毫无头绪。

全世界有多少只猫

著者：日本东大案例学习研究会

译者：吴梦迪

书号：978-7-5057-5544-4

出版日期：2023 年 2 月

定价：39.80 元

东大学霸带你硬核破解脑洞大开的费米问题，让你全面提升假设能力、逻辑思维能力，有效利用有限信息，轻松解决复杂难题

你能说出：毛绒玩具的市场规模有多大吗？一次性筷子的年消耗量是多大吗？iPhone 明年的销量是多少吗？

这些看似稀奇古怪的问题就是世界知名的费米推定问题。这类问题实际上是在考验逻辑思考能力和短时间内计算能力，也是很多企业的经典面试问题。而推算这些答案的方法，主要就是建立一套思考模式。

本书研究了在求职过程中的 1000 多个费米推定问题，总结出费米推定的体系。他们将所有费米推定问题分为 6 种模型，将基础解答方法整理成 5 个步骤，并详细解析 15 个核心问题，帮助读者牢牢掌握费米推定问题的解题方法和流程。只要掌握这种方法，就能够在资料不充足的情况下，运用已有知识和假设来迅速做出推断，让费米推定成为你受用一生的脑力锻炼工具。